纺织服装高等教育"十四五"部委级规划教材

新型态教程

TONGZHUANG JIEGOU SHEJI YU GONGYI

童装结构设计与工艺

张芬芬　鲍卫君　编　著

胡海明　冯燕娜　参　编

东华大学出版社

·上海·

扫二维码看书中视频

内 容 提 要

本书详细分析了0~12岁儿童各个时期不同的体型特征、生理特点和着装要求，系统介绍了童装款式的单品设计和系列设计、童装规格设计与应用、童装领袖结构设计原理，童装各主要品种经典款式的规格设计、结构设计原理及其运用及儿童服饰品的结构设计原理及其运用，并结合具体款式采用图文和视频相结合的方式详细讲述缝制工艺步骤和缝制技巧，以便于教师教学和学生课外自学。

本书内容丰富，款式品种齐全，图片和视频制作精良，具有较强的系统性、理论性和实用性，本书既可作为高等院校服装专业的教材，也可作为各服装企业、服装培训机构教材，同时还可以作为广大服装爱好者的自学用书。

图书在版编目（CIP）数据

童装结构设计与工艺 / 张芬芬，鲍卫君编著; 胡海明，冯燕娜参编 . 一 上海：东华大学出版社，2022.9

ISBN 978-7-5669-1974-8

Ⅰ.①童… Ⅱ.①张… ②鲍… ③胡… Ⅲ.①童服 – 服装结构 – 结构设计②童服 – 服装工艺 Ⅳ.① TS941.716

中国版本图书馆 CIP 数据核字（2021）第 200919 号

责任编辑：杜亚玲
封面设计：Callen

出　　　　版：东华大学出版社（上海市延安西路 1882 号，200051）
本 社 网 址：http://dhupress.dhu.edu.cn
天猫旗舰店：http://dhdx.tmall.com
营 销 中 心：021–62193056　62373056　62379558
印　　　刷：上海龙腾印务有限公司
开　　　本：787 mm×1092 mm　1/16
印　　　张：17.25
字　　　数：430 千字
版　　　次：2022 年 9 月第 1 版
印　　　次：2022 年 9 月第 1 次
书　　　号：ISBN 978-7-5669-1974-8
定　　　价：68.00 元

前　言

　　童装是 0~16 岁儿童所穿着服装的总称，本书内容主要针对 0~12 岁儿童。儿童的每个生长发育阶段有其较为明显的体型特征，故儿童所穿的服装应符合相应阶段的各种特征，并体现在童装的设计、结构、工艺中，童装并非是成人服装的缩小版。童装结构设计总的要求是穿着舒适，活动自如，体现儿童天真活泼的本性，适合儿童身心健康快乐成长。本书与同类教材相比有以下特点：

　　一、童装款式设计、结构设计、工艺设计相结合，增强实操性

　　教材将童装的款式设计、结构设计、工艺设计的知识点结合在一起，使读者在结构设计时，统筹考虑款式设计的特点和工艺缝制的可行性，使结构设计更准确地表达款式特点并落实到具体的缝制工艺中，具有实操性强的特点。

　　二、规格设计融入具体款式，便于读者运用

　　童装规格是指儿童成衣服装各主要部位的尺寸，它是结构设计的基础。本书以国家儿童服装号型标准为基础，对于国标中未涉及的一些次要部位的尺寸，如背长、头围、上裆、下裆等尺寸，参考我国一些童装企业的标准和借鉴体型相近的日本童体尺寸，根据实践经验阐述童装规格设计的一般规律，并在具体的款式中成系列化地加以设计，方便读者运用。

　　三、内容涵盖儿童不同阶段的童装款式，增加读者学习兴趣

　　儿童的每个生长发育阶段均有其较为明显的体型特征，儿童所穿的服装款式带有较为明显的年龄感，本书包含有适合新生儿的和服领上衣，适合 3 岁前婴童的各类连体服装等，适合各年龄段的各类裤子、衬衫、夹克衫、马甲、外套、连衣裙等，适合儿童的围兜、帽子、包袋等服饰品，能极大地增加读者的学习兴趣。

　　四、塑造立体化教材模式，满足移动端学习需求

　　针对教材中的部分经典内容，拍摄相应高清视频，生成对应二维码，将二维码植入教材相应的章节中，制作成满足互联网时代学生碎片化、移动端学习需求的新形态教材。形式直观、立体化的教材模式，便于学生预习、复习及知识面拓展。这一教材形式在真正激发学生学习兴趣的同时，也满足了相关教师翻转课堂、线上线下教学需求。

本教材由浙江理工大学副教授鲍卫君总体策划，并负责全书统稿，全书共9章，参加编写的人员如下：

浙江理工大学张芬芬　编写：第一章，第二章，第三章，第七章第三、四、五节，第八章第四、五节。

浙江理工大学鲍卫君　编写：第四章，第五章，第六章，第七章第一、二、四、六节，第八章第一、二、三、五节，第九章第一、二节。

浙江理工大学胡海明　编写：第九章第三节。

浙江理工大学冯燕娜　编写：第四章，第五章。

本教材由浙江理工大学高级实验师张芬芬绘制款式图，参加本书电脑制图的人员如下：

浙江理工大学冯燕娜　结构图和工艺图电脑制作：第四章、第五章、第六章；第八章第二、三、五节；第九章第一、二节。

杭州禾观科技有限公司周再临　全书所有款式图的电脑制作；结构图和工艺图电脑制作：第一、二、三、七，第七章，第八章第一、四、五节。

浙江理工大学胡海明　结构图和工艺图电脑制作：第九章第三节。

以上编写分工个别重复是合作完成。

由于水平有限，书中难免有不足之处，恳请同行、专家和广大读者批评指正。

浙江理工大学

鲍卫君

2021 年 10 月

目　录

第一章｜童装设计概述

第一节　儿童体型特征

一、儿童各年龄段划分

　　儿童时期是指人从出生到16岁这一年龄段。其中：0~12个月是婴儿期；1~3岁是幼儿期；4~6岁是小童期，处于学龄前期；7~12岁是中童期，也称小学生阶段；13~16岁是大童期，又称少年期。

　　童年是人一生中生长最快、活动最频繁的阶段，不同年龄段的儿童会有不同的生理与心理特征。如图1-1-1是不同年龄体型比较（正面），如图1-1-2是不同年龄体型比较（侧面），两个图的阴影部分指男童，从图中能比较直观地看出男女儿童体型的曲线变化和差异。

　　童装是以婴儿、幼儿、小童、中童、少年时期等各阶段的儿童为对象制成的服装的总称。

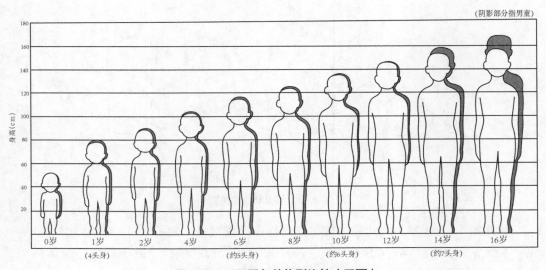

图1-1-1　不同年龄体型比较（正面）

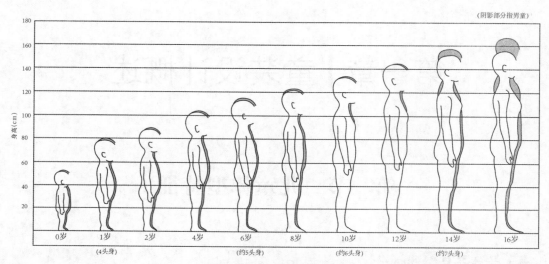

（阴影部分指男童）

图 1-1-2　不同年龄体型比较（侧面）

二、儿童体型特征

　　婴儿期（0～12 个月）是儿童身体发育最显著的时期，如图 1-1-3 的婴儿体型，特点是头大身体小，身高约为 4 个头高，腿短且向内侧成弧度弯曲，头围与胸围接近，肩宽与臀围的一半接近，出生后 2～3 个月内身长可增加 10 cm，体重则成倍增加，到 12 个月时，身高约增加 1.5 倍，体重约增加 3 倍，婴儿前期是睡眠静态期，其特点是睡眠多，发汗多，排泄次数多，皮肤细嫩，随着月份的增加，婴儿的活动机能逐渐发达。

图 1-1-3　婴儿体型的特点

　　幼儿期（1～3 岁）的儿童体重和身高都在迅速发展，如图 1-1-4。幼儿体型的特点：头大，身高约为 4～4.5 个头高，脖子短而粗，四肢短胖，肚子圆滚，身体前挺。男女幼儿基本没有大的形体差别。幼儿期也是儿童心理发育的启蒙时期。

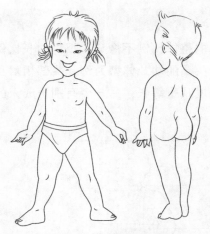

图 1-1-4　幼儿体型的特点

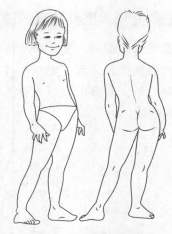

图 1-1-5　中童体型的特点

　　小童期（4～6岁）的男女童的身心开始有差异，小童体型的特点是挺腰、凸肚、窄肩，四肢短，胸围、腰围、臀围尺寸差距不大。身长增长较快，围度增长较慢，4岁以后，身长已有5～6个头高。男孩与女孩在性格上出现了一些差异。

　　中童期（7～12岁），此时儿童生长速度减缓，如图1-1-5中童体型的特点，体型变得匀称起来，凸肚现象逐渐消失，手脚增大，身高为6～6.5个头长，腰身显露，臂、腿变长。男女体型差异日益明显，女童开始出现胸腰差，即腰围比胸围细。此阶段是儿童运动机能和智能发展的显著时期。

　　大童期（13～16岁），这个时期男女童体型变化很快，身高约为7个头高，男女童性别特征差距明显。如图1-1-6少男体型特点，男童的肩部变平变宽，臀部相对显窄，手脚变长变大，身高、胸围、体重也明显增加。如图1-1-7少女体型特点，女童胸部开始丰满，臀部脂肪开始增多，骨盆增宽，腰部相对显细，腿部显得有弹性。此阶段是少年身体和精神发育成长明显的阶段。

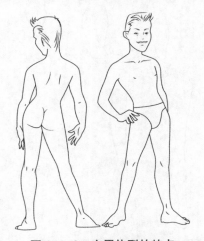

图 1-1-6　少男体型的特点

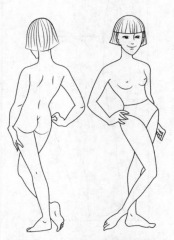

图 1-1-7　少女体型的特点

三、绘制儿童体型要注意的要点

画童装效果图时，要了解儿童体型。童体的整体比例不像成人那样拉长比例，通常采用自然的形态比例。如图 1-1-8，以 4.5 头高的幼儿体型为例，头部相对身体部分要忽略细节，两肩点间距与腰、臀的平面长度几乎等长；另一个有别于成人的特点是儿童的凸肚。

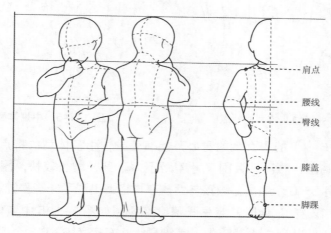

肩点
腰线
臀线
膝盖
脚踝

图 1-1-8 4.5 头高幼儿体型特点

儿童实际的身高变化，个体差异非常大，如图 1-1-9 所示，两个同为 3 岁儿童的实际身高差异很大，这样，我们选择童装尺码时，就不能以年龄选，而要以身高选。作为童装从业者，设计制作同一个年龄段的童装要考虑身高因素。

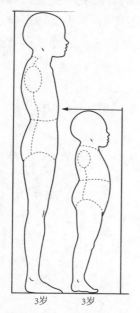

3岁   3岁

图 1-1-9 实际身高差异

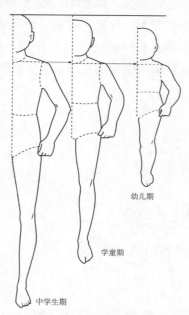

幼儿期

学童期

中学生期

图 1-1-10 各年龄段体型对比

图 1-1-10 为幼儿期、学童期（小童和中童）和中学生期（大童）的体型对比，当对齐肩线时，通过对比可以看出头、手臂、腿的不同长度 / 高度，腰线、臀围线的变化规律，从这个角度观察和理解儿童体型的特点，有助于准确绘制儿童体型。

四、绘制童装效果图（见视频 1-1）

视频 1-1

儿童具有好动的特点，为了画好童装效果图，可以通过抓拍照片，或选择合适年龄段的儿童人体动态图作为参考，再根据童装设计款式的风格，确定需要几个动态角度造型，在理解童装的结构、工艺等细节后，才能准确地描绘服装线条和上色。

绘制童装效果图有多种方法，既可以用纸质板手绘，也可以运用电子手绘板 APP 或 AI 等各种软件绘图。如图 1-1-11 童装效果图，方法①是纸质板手绘效果图，方法②是运用 AI 软件的效果图，其各有特点，手绘效果图感觉更有亲和力，AI 绘制效果图线条更清爽，上色更快，替换色系更快捷。

① 纸质板手绘效果图　　　　　　　② 运用 AI 软件的效果图

图 1-1-11　童装效果图绘制

各种绘图方法的绘画步骤相似。纸质板手绘的步骤：线稿→拷贝→上色稿；电子手绘板的步骤：线稿→上色稿；也可以混合使用工具，如图 1-1-12 童装效果图绘制步骤，先用纸质手绘线稿，再扫描后用软件 AI 描线稿，然后按步骤逐一上色，渲染定稿。

童装效果图的上色步骤见视频 1-1。

浙江理工大学服装学院服装专业学生的手绘童装效果图如图 1-1-13。

图 1-1-12　童装效果图绘制步骤

图 1-1-13　手绘童装效果图参考

第二节　儿童各时期着装特点

一、婴儿期

如图 1-2-1，婴儿期（0~12 个月）的着装特点是造型简单、轮廓舒适，需要适当的放松量，以便于儿童的发育成长。款式无性别差异，一般会采用小巧精美的细节装饰，色彩则选用柔和的色彩。传统的区分性别的颜色是蓝色代表男孩，粉红色代表女孩。

图 1-2-1　婴儿期着装特点

二、幼儿期

如图 1-2-2，幼儿期（1~3 岁）的着装特点是轮廓造型宽松活泼，基本无省道，基础款无性别差异，设计已分男、女童装，色彩明亮。

图 1-2-2　幼儿期着装特点

三、学童期

如图1-2-3，学童期（4~12岁）的着装特点是男童与女童服装设计性别区分清晰；服装应结实耐用，容易穿脱；注重图案装饰设计手法。

四、中学生期

如图1-2-4，中学生期（13~16岁）的着装特点是风格受青少年服装影响大，少年装颇具时尚潮流感。服装造型轮廓也偏向成人装，舒适性与实用性是重要指标，同时考虑服装的易保养性。

图1-2-3 学童期着装特点

图1-2-4 中学生期着装特点

第三节 童装设计特征

一、款式品种多样

童装品种有连衣裤、T恤、衬衫、童裤、背心裙、背带裤、连衣裙、腰裙、男女童套装、夹克、棉衣裤、睡衣裤、大衣、风衣、羽绒衣、泳衣、肚兜、尿裤、斗篷等，童装的款式品种多样，设计时应注重穿着的舒适性和活动时的机能性，在设计风格和装饰上要符合儿童的年龄特点。

童装中有的一些品种、款式是常用的经典款式

1. 裙装

可分为连衣裙、半身裙、背心裙、长裙、短裙、超短裙等，适合各个年龄层的女童穿着。

连衣裙分有腰节和无腰节，有腰节的连衣裙按腰节的高低分为高腰节裙、中腰节裙、低腰节裙，一般年龄较小的儿童适合高腰节连衣裙和无腰节裙，年龄较大的儿童，尤其是少女则适合有腰节且略收腰的连衣裙。

半身裙按长度分有长裙、短裙、超短裙等；按外形分有直筒裙、喇叭裙、灯笼裙、A字裙、圆台裙等；按结构分有两片裙、四片裙、八片裙、百褶裙等；按是否绱腰分有连腰裙、无腰裙等。

图1-3-1是不同款式的连衣裙效果图和平面图，主要以春夏季穿着为主。连衣裙最常用的装饰设计有碎褶、细裥、泡泡袖、蕾丝花边、荷叶边、胸针、花朵、蝴蝶结等，中式旗袍、汉服等传统中式服装元素与现代时尚元素的结合，是传承中国传统服饰的方式。

图1-3-1　连衣裙

2. 连衣裤

连衣裤是婴儿常用的服装，领型基本为圆领、V字领和连帽样式；袖子有长袖、短袖和无袖，袖型多用插肩袖；一般采用前开襟直到裆底，也有在裆底横开的款式。

图 1–3–2 为连衣裤款式，连衣裤主要分两大类款型，一种为有裤腿款型，另一种为三角裤型，多选用针织面料，更舒适；用四合扣开合。

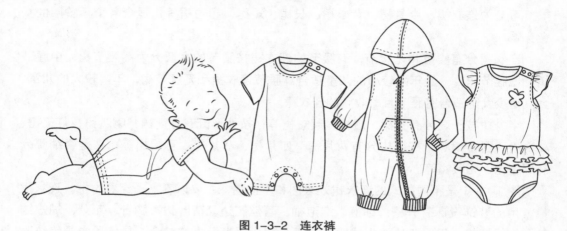

图 1–3–2　连衣裤

3. 背带裤

背带裤非常实用，一般套在衬衣和毛衣外面，既保暖又可以从款式、色彩、面料等方面搭配出多种着装效果。如图 1–3–3 所示，背带长度可调节，裤子可设计裤口卷边、膝盖加补丁装饰等。

图 1–3–3　背带裤

4. T恤

T恤适合男女童春夏季穿着。T恤品种有长袖、中袖、短袖等。如图 1–3–4，领型多用圆领、V领和翻领。图案是T恤设计重点，各种卡通、文字图案都深受儿童喜爱，常采用印花、贴布绣、珠绣、植绒等工艺手法来实现。

图 1-3-4　T 恤

5. 衬衫

衬衫适合男女童春夏季穿着。如图 1-3-5，衬衫品种有长袖衬衫、中袖衬衫、短袖衬衫、无袖衬衫等。基本款为开衫，领子是设计重点，有衬衫领、平领、立领、海军领、花边圆领、波浪领等。

图 1-3-5　衬衫

6. 裤子

裤子适合男女童四季穿着。如图 1-3-6，裤装按长度可分为长裤、九分裤、七分裤、中裤、短裤等；按外形可分为直筒裤、喇叭裤、萝卜裤、灯笼裤等，一般情况下，裤子的口袋设计是要点。

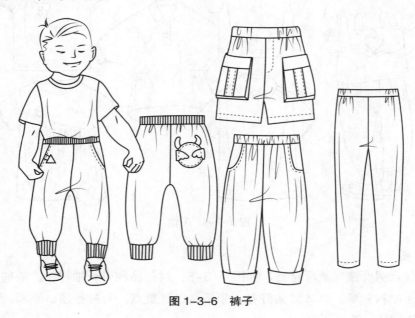

图 1-3-6 裤子

7. 卫衣

针织服装，通常是指上衣外套，也可为上下两件套的套装，卫衣可以内搭，也可以外穿。如图 1-3-7，卫衣的款式有连帽卫衣、圆领套头卫衣、拉链开衫等。

图 1-3-7 卫衣

8. 毛衣

儿童毛衣分机织与手编两大类。针法、图案、色彩和款式都是毛衣的设计点。手编毛衣是儿童毛衣的一大特色，如图1-3-8，可以根据设计要求自由变换花样针法，随意设计款式和图案，使毛衣富于变化且充满个性。毛衣通常分套衫、开衫或两件套，款式设计时可作为内衣或外套来设计。儿童针织配件的地位很重要，有针织帽、针织围巾、针织手套、针织袜子等，起到搭配衣服与保暖的作用。

图1-3-8　毛衣

9. 外套

外套主要包括夹克、棉衣、风衣、羽绒衣、大衣等。如图1-3-9，儿童外套有单、双层或绗棉设计，可设计成两面穿，经常使用各种缉线设计。款式造型设计以宽松为主，袖口、脚口、底摆多采用收紧式设计以防风保暖，也有配套的可脱卸帽子等配件设计。

10. 泳装

如图1-3-10，儿童泳装分为一件式和两件式，一件式即连体式泳衣，基本款为背心式、圆领或吊带，脚口有平脚和三角之分。两件式多为上下装。儿童泳装设计时多使用色彩丰富的印花或单色镶拼设计，经常装饰有花边。

二、色彩丰富

童装的色彩设计非常丰富。可以根据各阶段儿童生理心理特点搭配运用各种颜色，如婴儿服选用淡色最能体现婴儿肤色与气质而被广泛运用，常用白、粉红、浅蓝、淡

图 1-3-9　外套

图 1-3-10　泳衣

黄、浅绿等色。小童期的童装色彩鲜艳明快，选用明度与纯度较高的色彩搭配，符合儿童活泼好动的性格。

在一些服装资讯网络平台，可以提前找到一些流行色彩预测，一般每一季会发布多个风格的色调，比如 WGSN 上关于 2022 春夏的童装色彩预测，因新冠肺炎疫情影响，预测人们的态度更谨慎，因此 2022 春夏童装色彩将继续推崇亲切熟悉感，展现温暖、诱人且沉静的气质。调色板分为两大基调：一种为强化版自然色调，而另一种则更显柔和质朴。

三、材料舒适耐洗

童装材料的运用重点是柔软舒适、排汗透气，同时要兼顾耐洗、抗皱、易缝制、保暖等因素。所以设计不同类型童装要选适用的材料，同款设计选用不同的材料会有不同的穿着感受和视觉效果。

常用童装面料的纤维组成成分有两大类：天然纤维和化学纤维。天然纤维常选用棉和羊毛，化学纤维常选用腈纶、黏胶纤维、涤纶、锦纶。童装面料按其织造方式可分为两大类：梭织织物与针织织物。

（1）棉布和棉混纺织物因其价格便宜、色彩丰富、舒适柔软而被广泛应用于童装，如纯棉针织布常用于T恤和内衣，夹层或绗缝棉织物常用于秋冬的保暖服装，斜纹布、牛仔布、帆布常用于运动休闲服，而棉质细布、巴里纱、贡缎等可用于正装。

（2）羊毛织物保暖性好但价格较贵、有毛刺感，且需干洗，所以童装一般用腈纶、涤纶等合成纤维与羊毛混纺的织物，从而减少刺痒感、降低成本，一些毛混纺织物也可水洗。不同成分、比例的毛混纺面料常用于学童呢大衣、格子裙、针织毛衣、外套等。

（3）腈纶有类似毛纤维的外观和手感，以其为原料的梭织和针织面料适用于童装，其价格便宜且便于水洗，其主要缺点是容易起毛起球，若未经后整理，则手感较硬。

（4）黏胶纤维又称人造丝，是一种纤维素纤维，可织造成色彩丰富、手感柔软、吸湿性好的织物。新的后整理技术可提高其耐水洗性。

黏纤与棉混纺织物是一种较便宜的基础织物，因其抗皱性差、水洗易变形，故常用于制作睡衣、内衣、里料、运动服等，也广泛应用于少女装，以模仿成人女装款式。

（5）涤纶：纯涤纶织物较少用于童装，主要是由于其吸湿性和透气性较差，但其抗皱性好、耐磨、易洗、褶皱热定型保持效果好。

涤纶与棉、麻、毛等天然纤维混纺可提升面料的舒适性。主要用于学校制服、衬衣、裙子、外套等。

涤纶起绒织物因其质轻、易洗、保暖、易染成亮色而成为广受欢迎的童装外套面料。

涤纶与莱卡的混纺针织织物广泛地用于儿童泳装、儿童比赛服和舞蹈服。

（6）锦纶：锦纶面料的特点是强度大、柔软、耐磨、光泽好、易洗、不渗透性等，其吸湿性差（低回潮率）的特点使锦纶面料可用于冬装和防风雪保暖衣，有很好的保暖效果，不透气的特点使其不适用于夏装。锦纶与涤纶的绗缝物作为填充物、里布即可制成极保暖的童装。

四、装饰

童装的装饰非常重要，同样的基本款可以通过装饰物的运用来设计出新的款式。

童装的装饰手法丰富多彩，如图1-3-11，图案设计常运用儿童喜欢的花卉、动物卡通形象；花边（蕾丝）、装饰带、装饰襟等辅料的设计搭配运用；贴布绣、挖花绣、刺绣等装饰手法可以采用机绣或手绣来达到不同的装饰效果；缝制童装时可采用抽褶、滚边、嵌条、镶边等工艺手法来进行装饰设计；不同材质、不同织法、不同颜色的面料在同一款童装上的搭配设计，也是童装的常用装饰技法。

童装的装饰设计要注意以下要点：

（1）装饰物数量和大小的比例至关重要，过多的装饰会使儿童看起来矮小，过大或过小的饰物都是不成功的设计。

（2）装饰物的耐久性与安全性必须适合各年龄段的儿童。如婴儿服和幼儿服的装

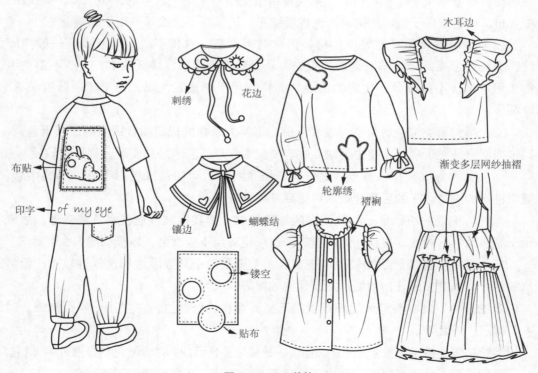

图1-3-11 装饰

饰扣件必须牢固地连接在衣服上，尽量不使用拉链，若必须用则要选用质地柔软的拉链，以保证其不会伤害儿童的皮肤；松紧带应经得起热水洗涤；印制童装图案和染色的各种染料必须是无毒的；衣服带穿绳的部位应远离儿童的颈部。

（3）价格是选择装饰物的重要参考依据，如定价较高的童装可选择特殊印染或工艺较复杂的装饰，一般装饰物的价格不可能高于服装，当然看起来廉价的装饰肯定会影响童装的效果。

（4）印花、刺绣、贴布绣是童装上运用最广泛的装饰手法，设计主题要适合各阶段儿童的年龄与性别。图案设计的大小比例、部位及工艺很重要。用于销售的童装上装饰别人创作的图案必须经过作者授权。

（5）童装边缘的装饰设计常选用各种各样的蕾丝与饰带，常用于连衣裙、衬衫、睡衣等品种，选用时要注意材料的品质、颜色要与面料相匹配。

（6）当同一款童装上运用两种以上印染效果或多种颜色面料时，多种面料应具有一致的洗涤功能，如棉布易褪色则应事先作保色处理等。

五、配饰

童装的配饰主要包括帽子、围巾、手套、袜子、包袋等实用性服饰品和头饰、手镯、项链等装饰性服饰品。设计巧妙、色彩亮丽、造型可爱的配饰能有效地烘托童装，塑造儿童天真活泼可爱的特征。

如图 1-3-12 是童帽的款式设计，帽子造型多变，兼具功能性和趣味性。

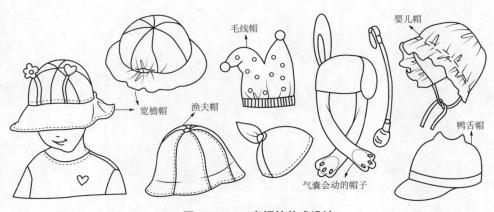

图 1-3-12　童帽的款式设计

如图 1-3-13 是包袋的款式设计，有束口袋、口金包、创意环保袋、双肩包、贝壳包等，以及抽象的动物造型、翅膀设计等，除了适合儿童使用的功能，设计需要更有创意和趣味性。

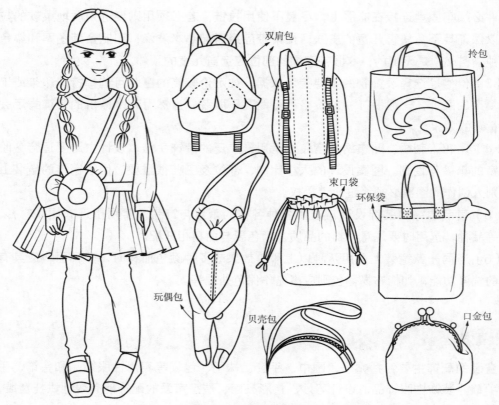

双肩包

拎包

束口袋

环保袋

玩偶包

贝壳包

口金包

图 1-3-13　儿童包袋的款式设计

第二章｜童装设计

第一节　童装设计的分类

童装设计的分类原则主要是定位准确、明确用途、确认角色。

童装常见的分类方法：根据季节、年龄、性别、品种、价位等方面分类。

一、根据季节分类

（1）春装：通常销售季节为 2~4 月，春装色彩重点强调柔和的鲜亮色或淡色，白色和海军蓝的组合是典型的早春色彩。本季典型服装包括适合温暖气候的运动服、轻便夹克、腈纶或棉质线衫、薄外套等。典型面料有纯棉、棉混纺织物，如粗斜纹棉布、府绸、帆布、印花机织或针织布、泡泡纱、孔眼织物、起绒织物等；还有轻柔的腈纶和可洗羊毛织物。

（2）夏装：通常销售季节为 4~8 月，是适合炎热气候的服装品种，典型服装有太阳装、吊带装、背心裙、短裤、沙滩装、泳装等。这季白色是重要的色彩，常与亮色混合搭配。典型面料有棉针织物、条格棉布、印花棉布、薄纱、巴里纱、蝉翼纱、凹凸织物、莱卡与涤纶针织物。

（3）秋装：通常销售季节为 8~11 月，秋装最重要的货品有正装、休闲运动装、校服、外套（包括休闲外套和正装外套）、风衣、毛衫、保暖上衣、套头高领 T 恤和长袖针织衫。运用的色彩多为原色，如鲜亮的红色、蓝色、黑色或者柔和的淡粉色。典型面料有灯芯绒、斜纹布、耐洗的涤棉混纺面料、法兰绒、暗色印花棉布、棉绒、涤纶起绒织物（摇粒绒等）、羊毛混纺织物等。

（4）冬装：通常销售季节为 11~2 月，是适合冬季寒冷气候的服装品种，如运动服、毛衫、起绒汗衫、睡衣、罩衫、各种外衣（如大衣、粗呢外套）、夹克等。典型面料包括：棉绒和丝绒织物、羊毛或羊毛混纺织物（尤其是彩色格子呢）、腈纶或腈纶混纺的针织物。

二、根据年龄分类

（1）婴儿装：0~12个月婴儿穿着的童装。

（2）幼儿装：1~3岁幼儿穿着的童装。

（3）小童装：4~6岁儿童穿着的童装。

（4）中童装：7~12岁儿童穿着的童装。

（5）大童（少年）装：13~16岁儿童穿着的童装。

三、根据性别分类

男童装、女童装。

四、根据品种分类

童装款式品种齐全，有T恤、衬衫、童裤、背心、背带裤、连衣裙、腰裙、套装、夹克、大衣、风衣、羽绒衣、泳衣等。

五、根据价位分类

分高、中、低价位的童装，童装的设计、材料、制作工艺等构成要素有不同档次的标准组合。

第二节　婴儿装的设计要点及经典款式

一、婴儿装的设计要点

（1）可水洗、舒适有弹性的面料。

（2）保暖性：因为婴儿易着凉，要特别注意服装的保暖性，柔软的多层织物可以保持身体的温度。

（3）尺码合适：服装应有足够的伸展性而不限制活动，稍大的服装有助于婴儿的生长，但不可太大，否则会影响其活动。

（4）结构合理、方便穿脱：婴儿装的结构应尽量减少分割线，服装开合的结构设计尤为重要，通常开合门襟应在前胸、肩部或侧缝，扣系采用扁平的带子。服装开口要足够大以方便穿脱，还须预留尿布的位置和松量。

（5）安全性：所有的扣子和装饰品应该安全牢固，服装上不要有长的穿绳，尤其是在颈部周围。

（6）小巧精美的细节装饰、柔和的色彩和图案。传统的区分性别的颜色是蓝色代表男孩，粉红色代表女孩。小而精致的印花图案是婴儿服的一大卖点。

二、婴儿装的经典款式

婴儿装主要有罩衣、和服式连袖衣、浴衣、T恤、围嘴、尿裤、睡衣、连身裤、背带裤、组合套装、针织外套、披肩、斗篷、婴儿睡袋等，配饰包括帽子、系带式童帽、软鞋、袜子，参见图2-2-1。婴儿连体衣是很实用经典的品种，图2-2-2所示为不同开合方式的连体衣。

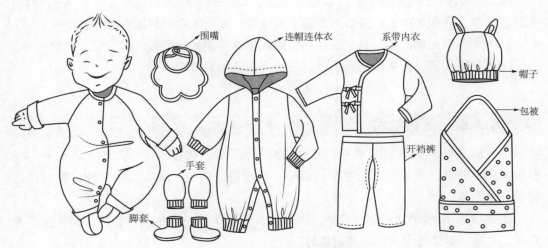

图2-2-1　婴儿装的经典款式

图2-2-2　婴儿连体衣的经典款式

第三节　幼儿装的设计要点及经典款式

一、幼儿装的设计要点

（1）宽松活泼的廓型设计：女幼童廓型多呈 A 型，如连衣裙、外套肩部或前胸设计育克、褶裥等，自然盖住突起的腹部。还有 H 型、O 型，如 T 恤、灯笼裤等。

（2）结构设计时分割线的比例把握相当重要，如背带裤、背心裙的结构利于幼儿的活动，使儿童更显身高的方法：通过单一色调及垂直分割线，高腰或低腰线分割比例。

（3）结构合理、方便穿脱：开合结构、位置和尺寸须合理，门襟开口多设计在前面；领子应平坦而柔软。

（4）口袋的设计必不可少：以贴袋为主，口袋形状可设计成花、叶、卡通动物、花篮、杯子、文字等形式，袋口应牢固不易撕裂，做到既实用又富有趣味装饰性。

（5）面料要耐磨耐穿，易于洗涤：纯棉或棉涤混纺的针织布、灯芯绒、斜纹布等。

（6）色彩亮丽，常采用拼色设计，或运用各色图案装饰。

二、幼儿装的经典款式

这一阶段的典型服装有罩衫、套穿的裤子，T 恤、衬衫、宽松上衣、运动衫、线衫、夹克、外套、连衣裤、公主裙、背心、背心裙、内衣、睡衣、泳衣等。配饰包括帽子、围巾等。

图 2-3-1 所示是幼儿期女装的经典款式，包括 T 恤、短裤、打底裤、连衣裙、连衣裤、斗篷、蝴蝶结大衣，以及配饰等。

图 2-3-2 所示是幼儿期男装的经典款式，包括 T 恤、套头卫衣、裤子、连帽外套、拉链连帽卫衣、风衣等，还有帽子、双肩包等服饰品。

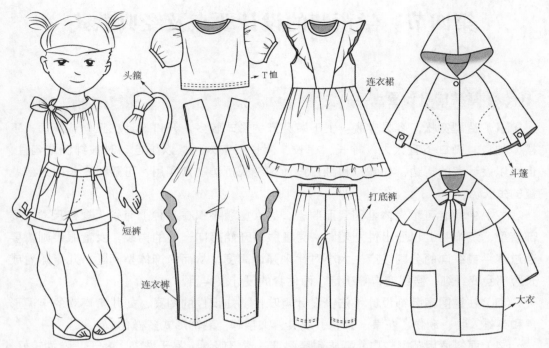

图 2-3-1 幼儿装（女）的经典款式

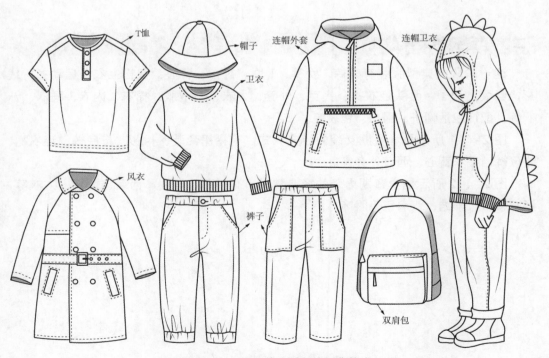

图 2-3-2 幼儿装（男）的经典款式

第四节　学童装的设计要点及经典款式

一、学童装的设计要点

（1）造型宽松、容易穿脱：上下装分开的形式较多。开口设计在正面或侧面，下摆、袖口、脚口不宜太大，袖长、裙长、裤长不宜太长，以防走动时被绊倒或勾住，但可以设计宽的折边，如脚口和袖口设计翻卷式折边非常实用，可随时变长以适应儿童的生长。

（2）中童装可考虑体型因素而收省。男女童装不仅在品种上有别，规格尺寸、局部造型、装饰物上也显出性别差距。男童服装开始趋向一般的男装，女童服装则需要通过水平或纵向的分割线产生大小对比来强调高度，从而掩饰体型问题。儿童随着成长腹部会变纤细，腰线变得更确定，两件套的设计很实用。

（3）注重图案装饰设计手法：设计趣味性、知识性的图案，如儿童喜欢的卡通形象和英雄人物、动物、花草、景物、玩具、文字等，装饰形式多样化。

（4）面料适用范围较广，要求耐磨耐穿、透气吸湿、易于洗涤、易干、弹性较好，常选用纯棉或棉涤混纺的针织和梭织面料。

（5）色彩明亮，中童装色彩不宜过于鲜艳和对比强烈。

二、学童装的经典款式

这一阶段的典型服装有男裤、女裤、T恤、衬衫、背心、宽松上衣、运动衫、线衫、套装、裙子、套头连衣裙、夹克、外套、大衣、羽绒服、棉衣、内衣、睡衣、泳衣等。配饰包括帽子、围巾、包袋等。

图2-4-1所示是学童期女装的经典款式，有褶裙套装、衬衫、打底裤、连衣裙、牛仔裤、毛衣背心、西装外套等。

图2-4-2所示是学童期男装的经典款式，有衬衫、马甲、西装、西裤、大衣等，还有领带、领结、双肩包等服饰品。

衬衫

毛衣背心

西装外套

褶裙

袜子

连衣裙

牛仔裤

打底裤
+
褶裙

图 2-4-1 学童期（女）的经典款式

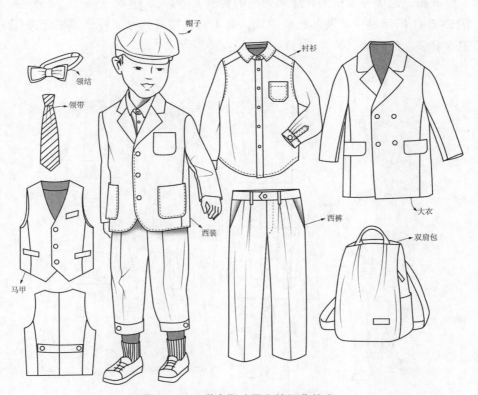

帽子

领结

领带

衬衫

西装

西裤

大衣

马甲

双肩包

图 2-4-2 学童期（男）的经典款式

第五节　少年装的设计要点及经典款式

一、少年装的设计要点

（1）服装轮廓造型成人化：对于这个年龄段，身体的生长发育带来一系列的比例变化：女童的腰线、肩线、臀围线已清晰，结构设计时的横向分割可分为高腰、中腰、低腰设计，廓型上可有梯形、H 型、X 型等接近成人的外型。两件套或上身分层的连衣裙都是很好的设计，带简单公主线分割的服装和直筒式宽松女服比带贴身腰线的服装更适合该年龄段。

（2）男童的日常运动与游戏的范围更广泛，所以耐穿的牛仔裤与时尚衬衣或 T 恤、针织衫的配穿组合很受青睐，款式设计大方简洁，结构设计与成人装相同。

二、少年装的经典款式

这一阶段的典型服装有休闲运动装、T 恤、线衫、夹克、裙子、衬衫、外套、两件套、连衣裙、正装（女孩的礼服和男孩的套装）、内衣、睡衣、泳衣、便服等。

图 2-5-1 所示是少年装的经典款式，有 T 恤、拉链开衫、裤子、牛仔夹克、运动连帽卫衣套装、风衣等。

图 2-5-1　少年装的经典款式

图 2-5-2 所示是少女装的经典款式，有短衬衣、长衬衣外套、牛仔夹克、牛仔裤、休闲裤、运动裤、宽松落肩外套、毛衣开衫等，还有环保袋、帽子等服饰品。

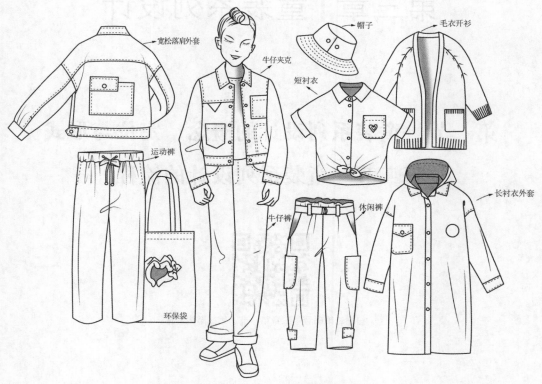

图 2-5-2　少女装的经典款式

第三章 | 童装系列设计

第一节　童装系列设计的概念、定位与形式
第二节　童装系列设计的流程

扫描二维码看第三章第一节、第二节内容

第四章 ▎童装结构设计基础

第一节 儿童身体尺寸测量
（附带视频 4-1-1～视频 4-1-17）

第二节 儿童服装号型及各部位参考尺寸

第三节 童装规格设计

第四节 童装结构制图基础知识

扫描二维码看第四章第一节到第四节内容

视频 4-1-1　　视频 4-1-2　　视频 4-1-3　　视频 4-1-4　　视频 4-1-5　　视频 4-1-6

视频 4-1-7　　视频 4-1-8　　视频 4-1-9　　视频 4-1-10　　视频 4-1-11　　视频 4-1-12

视频 4-1-13　　视频 4-1-14　　视频 4-1-15　　视频 4-1-16　　视频 4-1-17

第五节　童装原型制图

本节内容提要:

(1)童装原型各部位名称

(2)童装原型制图必要尺寸及其他相关部位参考尺寸

(3)文化式衣片原型制图

(4)袖片原型制图

本书采用的原型是日本文化式童装原型,在进行童装结构设计之前,先了解原型衣片、袖片各部位的名称,以方便后续深入学习结构设计。

童装原型由衣身原型和袖子原型组成,袖子与衣身相匹配。

一、童装原型各部位名称

1. 衣片原型(图4-5-1)

童装衣片原型长度至腰节线,由前衣片和后衣片组成。

2. 袖片原型(图4-5-2)

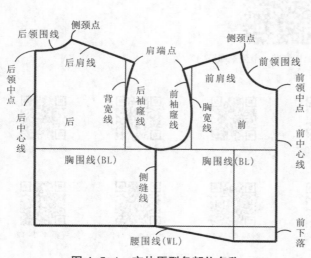

图4-5-1　衣片原型各部位名称

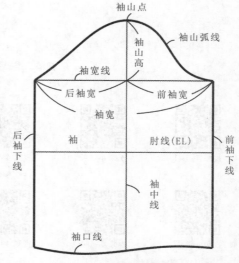

图4-5-2　袖片原型各部位名称

二、童装原型制图必要尺寸及其他相关部位参考尺寸

童装衣片原型制图的必要尺寸是人体净胸围和背长，其他部位尺寸是通过净胸围推算或加定数计算得出。

童装袖片原型制图的必要尺寸是袖长和衣片的袖窿弧长 AH，通过袖窿弧长 AH，计算出袖山高，从而得出袖宽尺寸。

为方便读者绘制童装原型，身高、胸围和袖长采用国家童装号型标准中的数据，因我国童装号型标准中没有背长数据，故参照日本儿童的背长数据（表 4-5-1），供读者在绘制童装原型时参考。表 4-5-1 只列出了身高从 59 cm 至 130 cm 的儿童尺寸，身高在 135 cm 及以上的少男和少女可以从本章第二节的相关表格里查找。

表 4-5-1　身高 59～130 cm 童装原型制图尺寸参考表　　　　单位：cm

号/型	59/40 59/44	66/40 66/44 66/48	73/44 73/48	80/48	90/48 90/52 90/56	100/48 100/52 100/56	110/52 110/56	120/52 120/56 120/60	130/56 130/60 130/64
身高	59	66	73	80	90	100	110	120	130
胸围	40/44	40/44/48	44/48	48	48/52/56	48/52/56	52/56	52/56/60	56/60/64
背长	16	17.5	19	20	女 22 男 23	女 24 男 25	女 26 男 28	女 28 男 30	女 30 男 32
袖长			23	25	28	31	34	37	40
对应年龄		3 个月	8 个月	1 周岁	2 周岁	3 周岁	4.5 周岁	6 周岁	8 周岁

注：① 按照国家童装号型标准，上身的一个身高尺寸对应 2 个或 3 个胸围尺寸，表示该身高儿童的胖和瘦。规格设计时可以根据儿童的胖瘦情况选择对应的号型。

② 本表身高所对应的年龄，只是大概的数据，只作为参考，因为儿童个体发育差异较大。

③ 由于儿童生长发育快且活泼好动，服装以稍宽松为宜，故在选择号型时，适合选择大一个号型。

三、文化式衣片原型制图

文化式衣片原型制图所需尺寸较为简单，衣片原型只需人体的净胸围和背长尺寸。现以 120/56 的号型为例，分步骤进行制图。

制图参考规格尺寸如下：

号/型	净胸围（B）	背长	参考年龄
120/56	56 cm	28 cm	6 周岁左右

具体制图步骤见图 4-5-3～图 4-5-6 和视频 4-5。

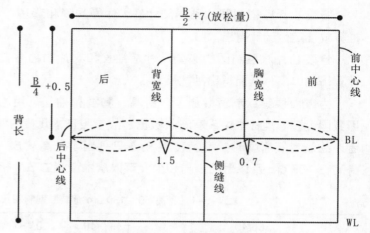

图 4-5-3　基础线绘制

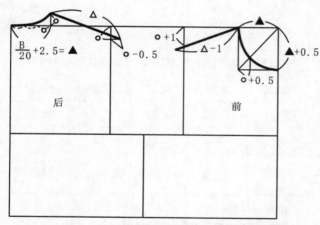

图 4-5-4　前后领口弧线、前后肩线轮廓线绘制

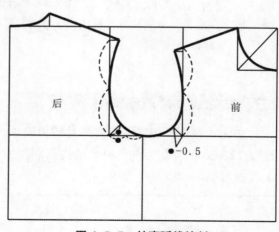

图 4-5-5　袖窿弧线绘制

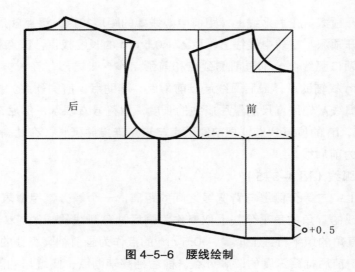

图 4-5-6　腰线绘制

1. 作基础线（图 4-5-3）

（1）作长方形：以人体的背长尺寸为长，以 B/2 + 7 cm 为宽，作一个长方形。其中 7 cm 是半身的原型在胸围部位的放松量，胸围一周放松量是 14 cm。

（2）作袖窿深线：从长方形的上平线向下取 B/4 + 0.5 cm 找点，过该点作一水平线。

（3）作侧缝线：将长方形的宽二等分，过等分点在袖窿深线以下作一条垂直线。

（4）作背宽线和胸宽线：在袖窿深线上，将袖窿深线三等分，距后中心线的等分点往侧缝线处 1.5 cm 找点，过该点往上平线作一条垂线，该线为背宽线；距前中心线的等分点往侧缝线处 0.7 cm 找点，过该点往上平线作一条垂线，该线为胸宽线。

2. 画前后领口弧线、前后肩线轮廓线（图 4-5-4）

（1）后横开领宽：在上平线上，距后中心线 B/20 + 2.5 cm 找点，此点与后颈点之间的宽度即为后横开领宽，为制图方便，用符号▲表示，并在找到的点处作一短垂线。

（2）后直开领深：将后横开领宽▲三等分，每一等分的宽度用符号〇表示。在横开领的短垂线上取〇的长度即为后直开领深。通常，服装的直开领深都可以按横开领宽的三分之一取值。

（3）画后领口弧线：过后侧颈点和后横开领靠近后中心线这一等分点画一光滑、圆顺的弧线，然后逐渐过渡到靠近后中心线这一等分的水平线上。注意：后领口弧线必须与后中心线成直角。

（4）作后肩线：在后背宽线上距上平线〇的距离找点，过该点向右画短上平线并取〇 − 0.5 cm 的长度找点，其右端点就是原型的肩点。最后直线连接肩点和后侧颈点，该线就是后肩线。

（5）前横开领宽：在上平线上，距前中心线▲的距离找点，该点就是前侧颈点。

（6）前直开领深：在前中线线上，取▲+0.5 cm的长度找点，该点就是前颈点。

（7）画前领口弧线：分别过前侧颈点和前颈点作一长方形，在长方形的对角线取长度○+0.5 cm找辅助点，最后弧线连接前颈点、辅助点、前侧颈点。

（8）作前肩线：先用直尺测量后肩线的长度，用符号△表示，然后在前胸宽线上，距上平线○+1 cm的位置找点，把前侧颈点与该点连接并延长，在此斜线上量取△－1 cm，此线即为前肩线。

3. 画袖窿弧线（图4-5-5）

在袖窿线上，二等分侧缝与背宽线之间的距离，一个等分量用●表示，在背宽线与袖窿深线组成的直角的角平分线上取●作为画后袖窿弧线的辅助点；在胸宽线与袖窿深线组成的直角的角平分线上取●－0.5 cm的点作为画前袖窿弧线的辅助点。圆顺连接前后肩点、前后袖窿深度的二等分点、前后袖窿辅助点、侧缝与袖窿深线的交点，所获得的弧线即是前后袖窿弧线。

4. 画前腰围线（图4-5-6）

前中线向下延长○+0.5 cm，作一短水平线（此线必须与前中线线成直角），与在袖窿深线上的胸宽尺寸二等分点往下的垂线相交一点，最后将该相交点与侧缝与下平线交点连接。

5. 童装衣片原型基础线和轮廓线完成图（图4-5-7）

童装衣片原型可以扫二维码观看绘制过程，见视频4-5，衣片原型以身高120 cm、胸围60 cm的儿童体型为例。

四、袖片原型制图

制图参考规格尺寸如下：

号/型	袖长	前AH	后AH	AH
120/56	37 cm	实际测量前袖窿弧长所得尺寸	实际测量后袖窿弧长所得尺寸	前AH+后AH

袖片原型制图的必要尺寸是衣片上的袖窿弧长（AH）和袖长，袖窿弧长（AH）需测量衣片袖窿的弧线长度，见图4-5-8。图中A、B点间的弧长为后袖窿弧长（后AH），B、C点间的弧长为前袖窿弧长（前AH），A、B、C之间的弧长为整个袖窿的弧长（AH）。测量时要求将皮尺竖起沿着弧线进行测量。

具体制图步骤见图4-5-9、图4-5-10。

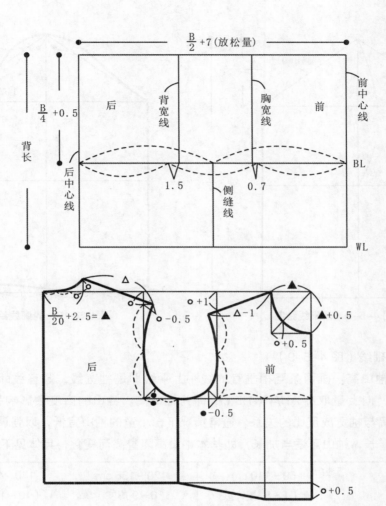

图 4-5-7　童装原型基础线和轮廓线完成图

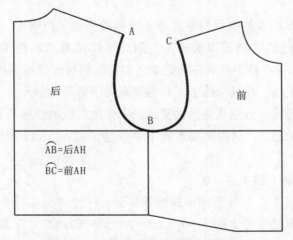

图 4-5-8　前后袖窿弧长的测量

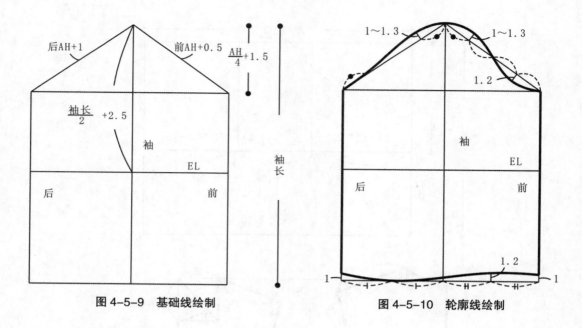

图 4-5-9　基础线绘制　　　　　　　图 4-5-10　轮廓线绘制

1. 作基础线（图 4-5-9）

（1）取袖山高：画两条互相垂直的线，上平线即是袖宽线，竖直线即是袖中线。在袖宽线上，向上量取高 AH/4 + 1.5 cm 即为袖山高。袖山的高度会影响手臂的运动幅度，袖山高与袖宽成反比的关系。通常情况下，小童的袖山宜低，以强调其舒适性，随着年龄的增长，袖山可适当加长，即基本袖山高随身高而变化，具体见下表。

身高	59~110 cm（1~5 周岁）	120~135 cm（6~9 周岁）	140~152 cm（10~12 周岁）
基本袖山高计算公式	AH/4+1 cm	AH/4+1.5 cm	AH/4+2 cm

（2）取前后袖宽：以袖中线的最高点（也称袖高点）为圆心，以前 AH + 0.5 cm 的值为半径在袖中线的右侧截取前袖宽，斜线连接袖高点和前袖宽点；同理，以后 AH + 1 cm 的值为半径在袖中线的左侧截取后袖宽，斜线连接袖高点和后袖宽点。

（3）作袖口辅助线：在袖中线上，从袖高点向下量取袖长尺寸，作一条水平线。

（4）作前后袖缝线：分别从前后袖宽点向下作袖宽线的垂线与袖口辅助线相交。

（5）作袖肘线（EL）：从袖山高点向下量取袖长 /2 + 2.5 cm 找点，过该点作一条水平线。

2. 画轮廓线绘制（图 4-5-10）

（1）画前袖山弧线：先将前袖山斜线四等分，一个等分以符号 ● 表示其长度，过第一等分点垂直于斜线往右上取 1~1.3 cm 作为第一辅助点，在袖山斜线第二等分点为第二辅助点，过第三等分点垂直于斜线往左下取 1.2 cm 作为第三辅助点，圆顺连接袖高点、第一辅助点、第二辅助点、第三辅助点以及袖宽线与前袖缝的交点就是前袖山弧线。

（2）画后袖山弧线：在后袖山斜线上，从袖高点以●的长度找点，过该点垂直于斜线往左上方取 1～1.3 cm 作为第一辅助点；从袖宽线与后袖缝线的交点往上取●的长度作为第二辅助点。圆顺连接袖高点、第一辅助点、第二辅助点以及袖肥线与后袖缝的交点就是后袖山弧线。

（3）画袖口弧线：前后袖缝线与袖口辅助线的交点各自上提 1 cm 作为两个辅助点，前袖口宽中点上提 1.2 cm 及后袖口中点为另两个辅助点，光滑这四个辅助点就是袖口弧线。

3. 童装袖片原型的基础线和轮廓线完成图（图 4-5-11）

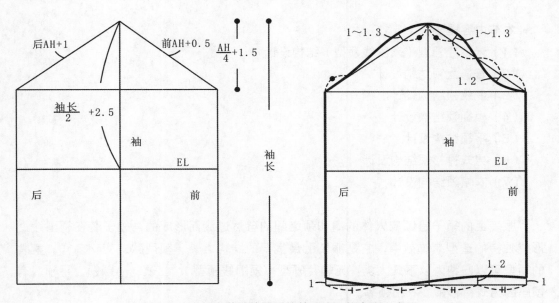

图 4-5-11 童装袖片原型的基础线和轮廓线完成图

第五章┃童装领、袖结构设计

第一节　童装领型结构设计

本节内容提要：

（1）无领片领型（领围线领型）结构设计

（2）普通立领结构设计

（3）罗纹领结构设计

（4）小翻领结构设计

（5）平领结构设计

（6）男式衬衫领结构设计

（7）衣帽领结构设计

　　服装上的领子是顺应人体的肩和颈之间的自然过渡而形成的，领子装在领围线上形成独特的造型装饰效果，它是服装上最重要的结构之一。领型款式变化多样。童装的领型可以归纳为以下几大类：无领片领型（领围线领型）、立领、小翻领、平领、有领座的男式衬衫领、衣帽领等。

　　童装领型结构设计要点：根据儿童脖子短的特点，领型宜设计成低领座或没有领片较为合适。本节以国家标准儿童服装号型120/60（约6周岁）为例，作制图解说。

一、无领片领型（领围线领型）结构设计

1. O型领线和U型领线（图5-1-1）

　　以衣片的领围线形状作为领子造型，O型领线和U型领线的领型常用于婴儿的连衣裤，儿童内衣，女童连衣裙、背心、背心裙等服装中。

　　结构设计见图5-1-2。

　　结构设计要点：

　　（1）由于衣片原型的侧颈点处于人体的侧颈点位置，考虑到活动的需要，在前后

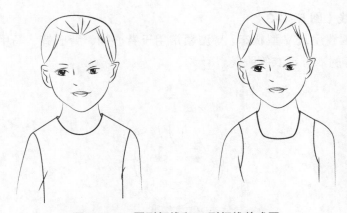

图 5-1-1　圆型领线和 U 型领线款式图

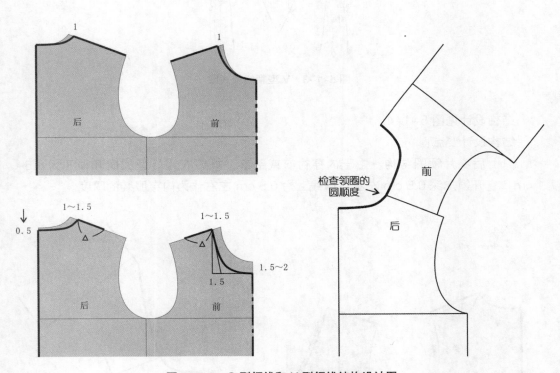

图 5-1-2　O 型领线和 U 型领线结构设计图

原型衣片的横开领开大 1 cm。

（2）将 O 型领线的前领中心开深，即成为 U 型领孔，适合于背心裙、背心裤等服装。

（3）因儿童天性活泼好动，所以前后横开领、前直开领不宜开得太大，同时须检查前后领圈的圆顺度。

2. V型领线（图5-1-3）

衣片的领围线呈现V型状态。V型领常用于背心裙、背心裤、马甲等作为外衣的童装中，内可穿衬衣、毛衣等服装。

图5-1-3　V型领线款式图

结构设计见图5-1-4。

结构设计要点：

（1）后衣片领圈结构：由于内穿衬衣或毛衣，故后衣片原型的横开领开大0.5~1 cm，直开领加深0.5 cm左右，肩线上抬0.5 cm左右作为内穿服装的厚度。

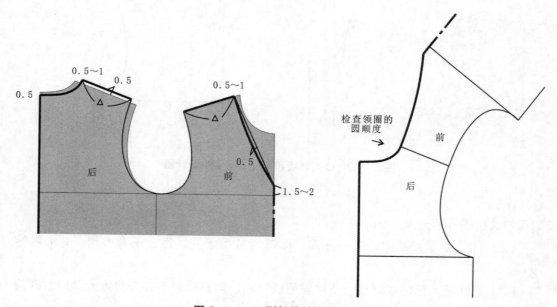

图5-1-4　V型领线结构设计图

（2）前衣片领圈结构：前衣片原型的前横开领开大 0.5~1 cm，V 型领线开深量在胸围线以上 1.5~2 cm。注意，V 型领线的深度不宜低于胸围线，否则衣服会不服贴。

（3）前后衣片领圈圆顺度检查：将前后衣片肩线叠齐，检查侧颈点附近领圈线是否圆顺。

3. 方型领线（图 5-1-5）

方型领线是衣片前后领圈呈现近似方形的状态。常用于连衣裙、背心裙等服装。

图 5-1-5　方型领线款式图

结构设计见图 5-1-6。

结构设计要点：

（1）后衣片领圈结构：原型后衣片的横开领开大 0.5 cm 作一水平线的垂线，与原型的直开领水平线相交后，领线斜进 0.7 cm。

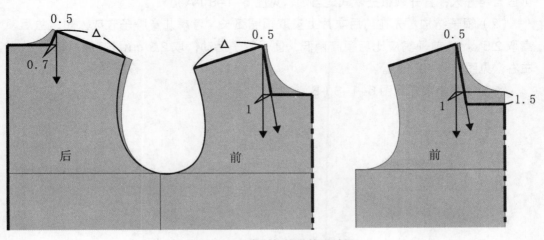

图 5-1-6　方型领线结构设计图

（2）前衣片领圈结构：原型前衣片的横开领开大 0.5 cm（与后衣片相同），作一水平线的垂线，与原型的直开领水平线相交后，领线斜进 1 cm。如前领需要加深，则应在斜线的箭头方向截取深度。

二、普通立领结构设计

普通立领在童装中常用于唐装类上衣或连衣裙中，由于儿童脖子较低，故领子高度不宜太大，前领角适宜采用弧状。款式见图 5-1-7。

图 5-1-7　普通立领款式图

1. 结构设计及制图步骤（图 5-1-8）

结构设计要点：

（1）衣片领圈结构：前后衣片原型的领圈横开领各开大 0.5~0.7 cm，如是外套类可适当再开大；直开领根据款式适当加深见图 5-1-8（A）。

（2）领子结构：先在前后衣片上量取领圈弧长，考虑儿童脖子较成人短，故后领高取 2.5 cm，前领高应比后领高稍低，便于脖子活动，取 2.3 cm，起翘量取 1.2 cm左右，见图 5-1-8（A）。

（3）制图步骤详见图 5-1-8（B）。

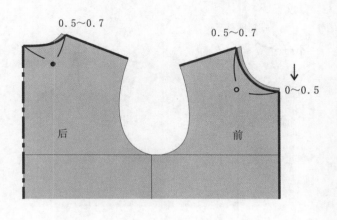

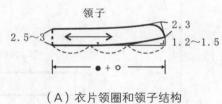

（A）衣片领圈和领子结构

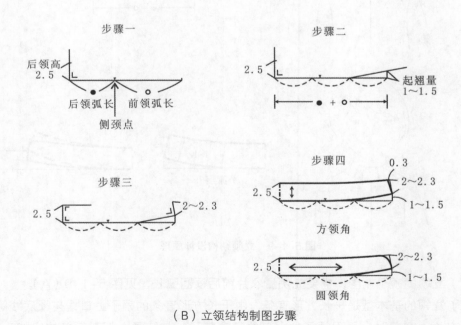

（B）立领结构制图步骤

图 5-1-8　普通立领结构设计图

2. 结构设计原理（图5-1-9）

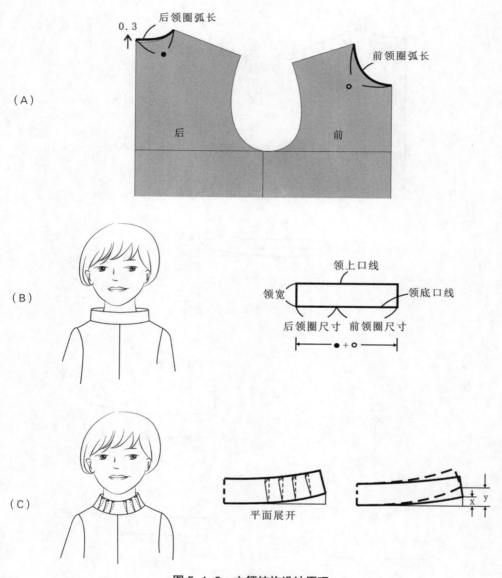

图5-1-9　立领结构设计原理

（1）立领的领子制图，需要先测量衣片前后领圈弧长，见图5-1-9（A）。

（2）立领的基本型是一长方形直条，由于长方形直条的领子上口线与领底线等长，缝合在衣片上穿着时会呈现领子的上口线远离脖子，与脖子之间有较多的空隙，见图5-1-9（B），这空隙的产生是由于领上口的围度大于脖子的围度。

（3）普通立领的要求是领子符合脖子的形状，即领子要根据脖子上小下大的近似圆台形特点进行结构处理。

（4）立领起翘量的形成：要达到脖子上小下大的形状，根据颈根围不同的长度，把领子的上口线均匀地缩短，缩小量主要集中在前领部分，原因是颈后部向前倾的角度和颈根的坡度略近垂直。在领底线长度不变的情况下，领上口线缩短，领底线弯曲向上翘，这就是立领起翘的原理，见图5-1-9（C）。

（5）童装起翘量的设计：起翘量应根据立领与脖子的贴合程度决定，立领越紧贴脖子，领子的上口线越短，则起翘量越大；反之，起翘量越小、领底线越趋于直线，成型后立领越离开脖子。由于儿童的脖子较成人的短且活动量大，因此设计童装立领时，起翘量不宜太大，以1~1.5 cm为宜，随着生长发育接近成人，立领的起翘量可适当提高，选用1~2 cm。

三、罗纹领结构设计

罗纹领常用于婴儿的连衣裤或儿童的夹克衫中，这种领子采用罗纹面料，男女都适合。款式见图5-1-10。

图5-1-10　罗纹领款式图

结构设计见图5-1-11。

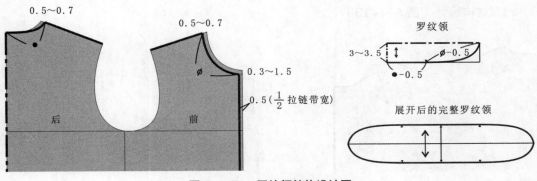

图5-1-11　罗纹领结构设计图

结构设计要点：

（1）衣片领圈结构：原型衣片前后领圈的横开领根据款式开大，如作为内衣穿着，可开大 0.3 cm 左右；如作为外套类，可将原型衣片开大 0.5~1.5 cm，前直开领加深 0.3~1.5 cm，重新画顺前后领圈。注意，在前衣片的门襟拉链设计中，测量前领圈弧长时，需减去拉链露出部分宽度的 1/2。

（2）罗纹领子结构。由于罗纹是针织面料具有一定的拉伸性，故罗纹立领的领底线长度需要短于衣片领圈长度，使领子装上后显得平整。

（3）如果是婴儿的连衣裤，则领子的高度可设计成 2 cm 左右。

四、小翻领结构设计

小翻领常用于童装的衬衣和外套中，为后领有领座，前领顺着翻折线自然变低或自然消失的领型。领子宽度不同、领座的高度不同，所呈现的外观是不同的。款式见图 5-1-12。

图 5-1-12 中，A 款和 B 款前后领子高度一致，领角形状一致，领座高度不同（A 款领座较高，B 款领座较低），所呈现的外观有差异。

A款　　　　　　　　B款

图 5-1-12　小翻领款式图

1. 结构设计（图 5-1-13）

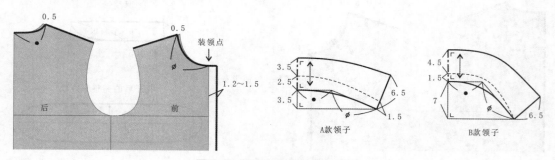

图 5-1-13　小翻领结构设计图

结构设计要点：

（1）衣片领圈结构：为方便活动，原型衣片的前后横开领均开大 0.5 cm，前衣片门襟量为 1.2~1.5 cm，装领点在前中线上。

（2）领子结构：A 款领座较高，为 2.5 cm，B 款领座较低，为 1.5 cm；A 款和 B 款后领总宽均为 6 cm。从图 5-1-13 中可以看出，A 款和 B 款的结构是有差异的。

2. 结构设计原理

小翻领的结构制图原理适合所有翻领结构。制图方法采用直角式制图法，见图 5-1-14。此图中后中线直上尺寸 x 的确定是设计的要点。在前后领宽、前领形状都相同的情况下，x 有大小，会呈现出不同的领子外形。

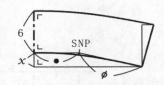

图 5-1-14　小翻领直角式制图法

（1）直上尺寸 x 的来源：

① 假设先用一块直条布作为领子，把它与衣片的领围线缝合，翻折领子后会发现因领子外口线的不足，导致领面绷紧，从而使后领的领脚线外露，见图 5-1-15。

图 5-1-15　后领的领脚线外露

② 解决方法：以侧颈点 SNP 为中心，在其左右两边分别以 1/2 后领弧长的尺寸为剪开点，剪开领片后原先紧绷的领子外口会自然张开，其外口线的长度有变长。将领外口张开的尺寸记下，重新画在纸样上，即可发现领子的领外口线由原来的直线变成往下弯的弧线，从而产生领后中线直上尺寸 x。剪开的量越多，领外口线就越长，其直上尺寸就越大，见图 5-1-16。

（2）领座的高低对领外口线和直上尺寸 x 的影响（图 5-1-17）：

领座的高低是影响直上尺寸 x 和领外口曲线的关键因素，也是造成领子不同外形的原因之一。

以图 5-1-17 中的 A 款翻领和 B 款翻领的结构为例进行分析。A 款翻领和 B 款翻

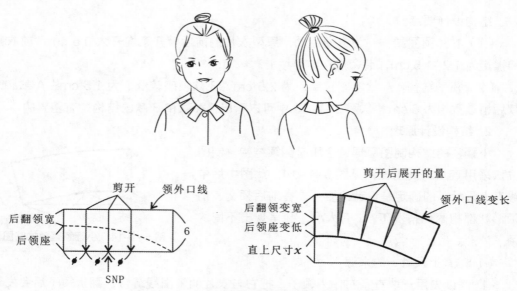

图 5-1-16 领外口线由直线变成弧线的过程

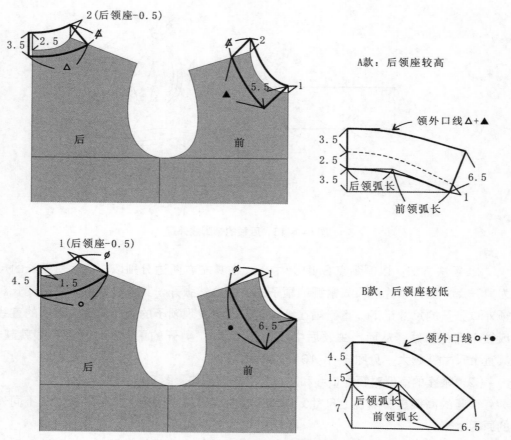

A款：后领座较高

B款：后领座较低

图 5-1-17 A款翻领和B款翻领的结构设计图

领的后领宽均为 6 cm，前翻领宽均为 6.5 cm，领外口线长度的不同造成了领子结构的差异。

从图 5-1-17 中可以看出 A 款和 B 款的后领高均为 6 cm（A 款的后领座高是 2.5 cm + 后领翻出部分 3.5 cm；B 款的后领座高是 1.5 cm + 后领翻出部分 4.5 cm），前领宽均为 6.5 cm（A 款有前领座 1 cm + 前领翻出部分 5.5 cm；B 款没有前领座，前领翻出部分 6.5 cm）；后领宽和前领宽均相同的情况下，领外口尺寸：B 款○ + ●的长度大于 A 款△ + ▲的长度，领子翻出覆盖在衣片上的面积 B 款大于 A 款。

从中可以得出以下结论：

（1）在后领宽和前领宽均相同的情况下，后领座越底，直上尺寸越大，领外口线就越长，其外形曲度就越大；后领座越高，直上尺寸越小，领外口线就越短，其外形曲度就越小。

（2）从穿在身上的外形看，领座越高，领子越显得挺直；领座越低，领子越显得平坦（领子覆盖在衣片上的面积就越大）。

领子的直上尺寸 x 的值若超过 7.5 cm，则成为超低领座的领型（平领也称铜盆领），在这种情况下，就不适合采用直上尺寸的制图方法，需用前后衣片在肩点重叠量的制图方法，详见下面的"平领结构设计"。

五、平领结构设计

平领也称铜盆领，是指领座超低（通常在 1.2 cm 以下）领面平贴在衣片肩部的领型，由于该领座极低，尤其适合脖子短的婴幼儿和低龄儿童穿着，衬衫、连衣裙、外套、连衣裤等均适合。平领结构较为直观简单，很少受流行影响，可以通过改变衣片直开领的深度、领子宽度、领角形状等来改变领子的造型。

（一）一片式平领

领子呈现左右连为一整片的造型，前领角为小圆弧状。这种领型适合前门襟开口的童装。款式见图 5-1-18。

结构设计见图 5-1-19。

结构设计要点：

（1）衣片结构：在前后衣片原型的横开领加大 0.3 cm，重新画顺前后领圈，并在前衣片的前中线上放出 1.5 cm 的门襟叠门量。

（2）领子结构：

① 画领子的领底线。复制后衣片上半部纸样（非原型衣片），将后衣片纸样肩点与前衣片纸样的肩点重叠 1/3 前肩宽的量（此量也可以直接用一个定数），前后侧颈点对齐，然后如图 5-1-19 画出领子的领底线，核对领底线的长度与衣片前后领圈长度相等。

图 5-1-18　小翻领款式图

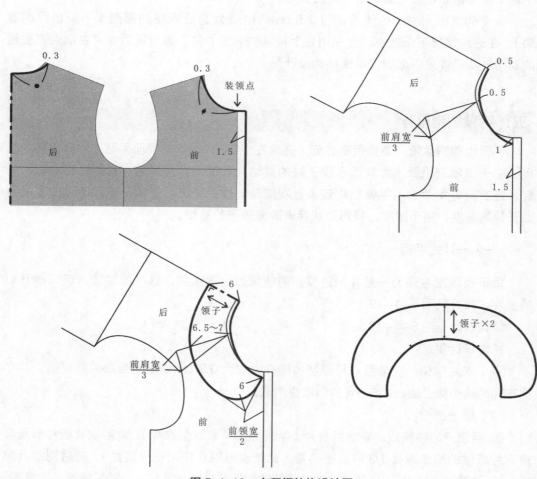

图 5-1-19　小翻领结构设计图

② 画领片结构。领子的形状需按款式图设计前后领宽为 6 cm，领片在肩线处宽度为 6.5~7 cm。注意，后领中心线与领外口线必须垂直。

③ 复制出领子形状。该领为一片式平领，在领底线上标出后领中点、两侧颈点对位记号，最后完成领子样板。

图 5-1-20　小翻领款式图

（二）两片式平领

领子呈现左右两片的造型，前、后领角为小圆弧状，这种领型通常为套头式或后开式的童装。款式见图 5-1-20。

结构设计见图 5-1-21。

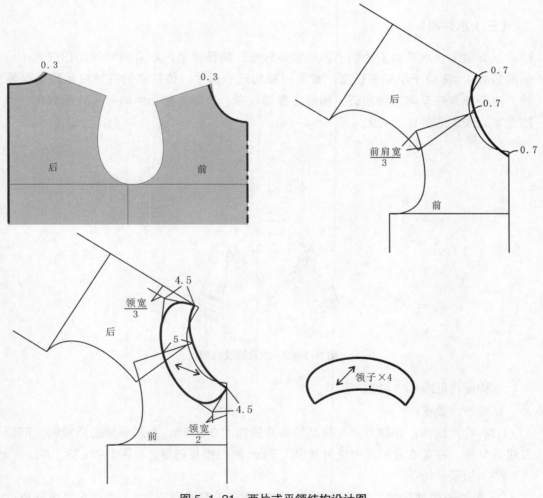

图 5-1-21　两片式平领结构设计图

结构设计步骤及要点：

（1）衣片结构：原型前后衣片的横开领加大 0.3 cm，重新画顺前后领圈。

（2）领子结构：

① 画领子的领底线。复制后衣片上半部纸样（非原型衣片），将后衣片纸样肩点与前衣片纸样的肩点重叠 1/3 前肩宽的量（此量也可以直接用一个定数），前后侧颈点对齐，然后如图 5-1-21 画出领子的领底线，核对领底线的长度与衣片前后领圈长度相等。

② 画领片结构。在前一步骤的基础上，如图 5-1-21 绘制出领子，由于该款为后开口，故领子分为左、右两片，前领角稍圆弧一些，为使左右两片领子翻开后平服，领子需采用斜丝。

③ 复制出领子形状。该领为两片式平领，在领底线的侧颈点作出对位记号，最后完成领子样板。

（三）水兵领

水兵领来自水兵服上的领子，它领座较低，领面覆盖后衣片肩部的面积很大（后领面较大），常用于小学生校服、童装衬衫和连衣裙中。该款式的前领口呈现 V 型领线，由于领深开至胸围线附近，胸部会暴露较多，故需在前领中内衬一片挡胸布，以防受凉。款式见图 5-1-22。

图 5-1-22　水兵领款式图

结构设计见图 5-1-23。

结构设计要点：

（1）衣片结构：在前后衣片原型的横开领加大 0.5 cm，重新画顺前后领圈，前领口线呈 V 型，在前衣片的前中线上放出 1.5 cm 的门襟叠门量，见图 5-1-23（A）。

（2）领子结构：

① 画领子的领底线。复制后衣片上半部纸样（非原型衣片），将后衣片纸样肩点

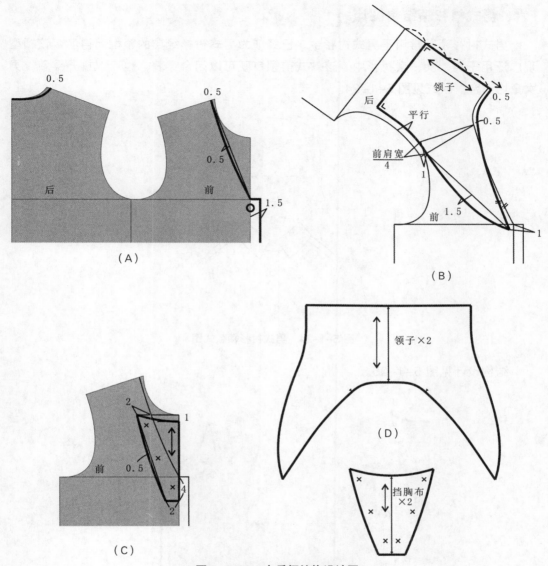

图 5-1-23　水兵领结构设计图

与前衣片纸样的肩点重叠 1/4 前肩宽的量（此量也可以直接用一个定数），前后侧颈点对齐，然后画出领子的领底线，核对领底线的长度与衣片前后领圈长度相等，见图5-1-23（B）。

② 画领片结构。在上一步骤的基础上，绘制出领子，该款后领面积较大，后领中心线要求与后领外口线垂直，后领外口线与后侧领外口线垂直，见图5-1-23（B）。

③ 挡胸布结构。由于前领口的 V 型领领线开得较深，需内衬挡胸布，挡胸布与前衣片领口用撤扣固定，见图5-1-23（C）。

④ 复制出领子、挡胸布形状，得到领子和挡胸布样板，见图5-1-23（D）。

六、男式衬衫领结构设计

男式衬衫领因常用于男式衬衫中，已经成为男式衬衫经典的领型而得名，该领型现广泛用于男、女、童衬衫中。该款式前领口既可以闭合穿着，也可以打开穿着，男女童均适合。款式见图5-1-24。

图5-1-24　男式衬衫领款式图

结构设计见图5-1-25。

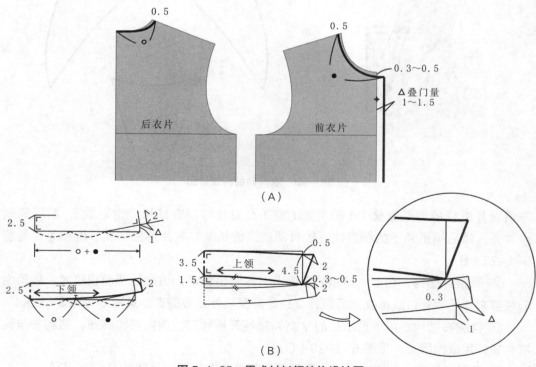

（A）

（B）

图5-1-25　男式衬衫领结构设计图

结构设计要点：

（1）衣片结构：将前后衣片原型的横开领加大 0.5 cm，前直开领开深 0.3~0.5 cm，重新画顺前后领圈，在前衣片的前中线上放出门襟的叠门量△（童装衬衫的叠门量通常是 1~1.5 cm），见图 5-1-25（A）。

（2）领子结构：该领型由下领和上领所组成，下领为立领结构，上领是翻领结构，见图 5-1-25（B）。

① 下领（立领）结构。该款式的下领是立领结构，立领的造型原理是，立领的起翘量越大，立领上口线越短，领子越贴合脖子，反之亦然。由于儿童的脖子较短，而且儿童活泼好动，领子上口线不适合太贴合，故起翘量以 1 cm 左右为宜。

② 上领（翻领）结构。该款的上领是翻领结构，翻领的造型原理是，翻领后中的直上尺寸越小，领面就越紧贴下领，反之，领面与下领之间的空隙就越大。通常，翻领后中的直上尺寸等于或稍大于下领的前起翘量。

③ 上领前领角造型按款式进行制图，尖角、方角、圆角都可以。

七、衣帽领结构设计

衣帽领是指帽子代替领子的一类造型，穿着时帽子可以竖起戴在头上御寒，也可以放下披在后背作装饰，使帽子具有实用和装饰的作用。衣帽领变化多样，领口和帽身的结构都可以随儿童的年龄及用途进行设计，广泛运用于夹克衫、连衣裤、外套等童装中。

衣帽领结构变化主要部位是衣片的领口线和帽身。衣片的领口线主要有圆形、V形、U形，帽身的变化主要有各种分割线和装饰手段的使用。

在进行衣帽领结构设计时，需要有两个部位的尺寸（图 5-1-26），即头部两侧耳朵上方额头最宽处围量一周的尺寸 a（头围）与头顶至侧颈点的外弧长度 b。如果没有头部外弧长度 b，结构设计时也可以以头围 a 的尺寸作为基础数据进行计算。

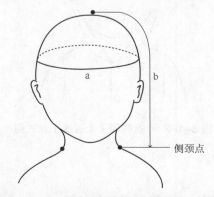

图 5-1-26　衣帽领结构设计头部尺寸测量

儿童的头围尺寸随着生长发育而逐渐增大最后接近成人，表5-1-1是身高52~130 cm（初生儿至6周岁）各阶段头围的参考尺寸。

表5-1-1　身高52~130 cm儿童头围参考尺寸

身高（cm）	年龄	头围平均值（cm）
52	初生儿	34.5
59	2个月	39
66	5个月左右	42.5
73	10个月左右	45
80	15个月	47
90	2岁左右	48
100	3岁左右	49.5
110	4.5岁左右	50.5
120	6岁左右	51.5
130	8岁左右	52

（一）普通两片式（无省道）衣帽领

普通两片式（无省道）衣帽领，特点是呈现左右两片拼接的造型，领底线无省道，适合衣片领圈横开领开得较大的结构。款式见图5-1-27。

图5-1-27　衣帽领（无省道）款式图

结构设计见图5-1-28。

结构设计要点：

（1）衣片结构：将前后衣片原型的横开领开大1~2 cm，前后直开领可根据款式

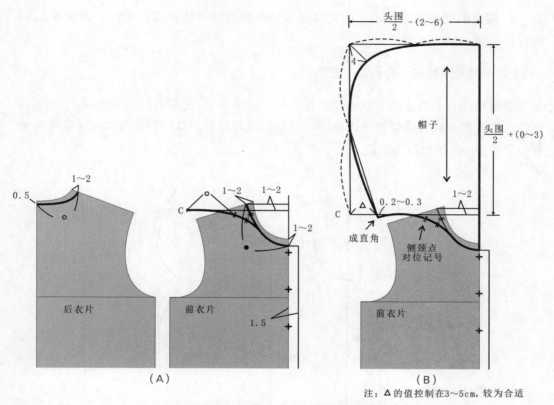

图 5-1-28　衣帽领（无省道）领结构设计图

开深，重新画顺前后领圈。这样领圈线就加大了，目的是使帽子缝合在衣片上，有一定的活动松量。如果衣片门襟是装扣子款式，需在前衣片的前中线上放出门襟叠门量 1.5 cm 左右，见图 5-1-28（A）。

（2）衣帽领结构：见图 5-1-28（B）

① 衣帽领的领底线结构：

a. 先延长前衣片中心线，再过衣片颈侧点向前中线的延长线作水平线，以此线为基础向下 1~2 cm 作平行线 C 线，向下量取数值的大小与人体活动松量有关，其数值增大，活动松量就增加，反之亦然。

b. 在前领口弧线的 1/2 左右位置向水平 C 线画弧线与水平 C 线相交，其长度与前后领弧线（○ + ●）相等。

② 衣帽领中线结构：

a. 在前衣片中心线的延长线上，以水平 C 线向上量取头围 /2 +（0~3 cm）取点，过此点向左作垂线（水平线），在上平线上量取头围 /2 –（2~6 cm）确定一点，再过此点向下作垂线与 C 线相交，该相交点与衣帽领的领底线后中线的间距为△，此间距以 2~4 cm 为宜。

b. 帽片的弧线按图画出，为使帽后中线与领底线互相垂直，需往下延长 0.3 cm 左右。

（二）普通两片式（有省道）衣帽领

普通两片式（有省道）衣帽领的特点是，呈现左右两片拼接的造型，帽子有省道设计，适合衣片横开领领圈开得较小或帽身较宽的结构。款式见图 5-1-29 其中 A 款有一个省道，B 款有两个省道。

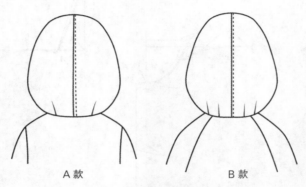

A 款　　　　　　　　B 款

图 5-1-29　衣帽领（有省道）款式图

结构设计见图 5-1-30。

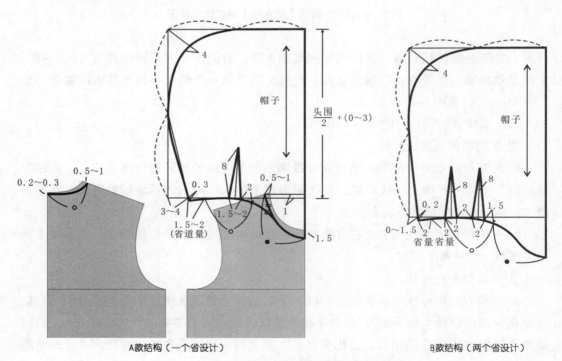

A款结构（一个省设计）　　　　　　　　　B款结构（两个省设计）

图 5-1-30　衣帽领（有省道）领结构设计图

结构设计要点：

（1）衣片结构：将前后衣片的横开领和直开领适当加大，目的是方便脖子活动。

（2）衣帽领结构：先设计帽子的领底线，因为帽子有省道设计，故领底线的长度需要加上省道的量，省道通常设计在后领线对应的帽身，省道中线应垂直于领底线，省道量通常为 2~3 cm。

（三）普通三片式衣帽领

衣帽领呈现左中右三片拼接的造型（图 5-1-31）。

图 5-1-31　普通三片式衣帽领款式图

结构设计见图 5-1-32。

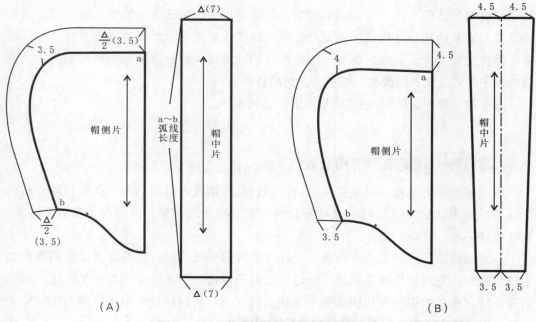

（A）　　　　　　　　　　　　　　　　（B）

图 5-1-32　普通三片式衣帽领结构设计图

结构设计制图步骤及要点：

（1）衣片结构：衣片结构设计与两片式衣帽领相同。

（2）衣帽领结构：以两片式无省道帽身的结构为基础，将帽身分为帽侧左右两片和帽中片一片。先在帽身的后中部分割出3~5 cm宽的长条弧带，然后量取该弧线的长度（图5-1-32中a到b之间弧线的长度），再画出帽中片的结构。帽中片的结构可以根据款式进行设计，可以取上下等宽，如图5-1-32（A），也可以取上宽下窄，如图5-1-32（B）。

第二节　童装袖型结构设计

本节内容提要：

（1）泡泡袖（灯笼袖）结构设计

（2）合体型袖子结构设计

（3）衬衫袖结构设计

（4）插肩袖结构设计

袖子是服装上最重要的结构之一，它覆盖着人体手臂的部分或全部。袖子的基本功能是御寒和适应人体上肢活动的需要，与领子相比，袖子的功能性比装饰性显得更为重要。童装的袖型结构设计应充分考虑儿童的生长发育、活动性能以及舒适性，通常舒适性的要求大于美观合体性，因此童装的袖型结构设计以低袖山的袖型为主。童装的袖子款式主要有两大类：装袖类、插肩袖类。

本节袖子原型采用120/60的号型进行结构设计。

一、泡泡袖（灯笼袖）结构设计

泡泡袖也称灯笼袖，它是在袖山处或袖口处打褶或在袖山和袖口处均打褶，从而形成各种泡泡状或灯笼状的一类袖子。由于泡泡袖外形可爱，常用在女童的服装中，泡泡袖有长袖、短袖之分。

泡泡袖的工艺形式主要有两种：一种是抽碎褶形式，另一种是在袖山头两侧均匀地排列褶裥。泡泡量形成的原理：通过剪切袖子样板，并在每个切口中加入适当的松量而形成，松量的多少直接决定袖子泡起的程度。也可以在袖子中进行横向剪切加入松量，同时提高纵向的松量，形成完美的泡泡状。

（一）泡泡长袖

该款袖型的泡泡量集中在袖口，在袖克夫处收口。款式见图 5-2-1。

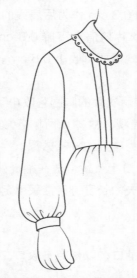

图 5-2-1　泡泡长袖款式图

结构设计见图 5-2-2。

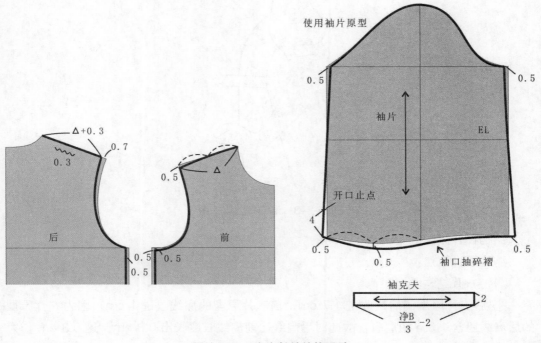

图 5-2-2　泡泡长袖结构设计

结构设计要点：

（1）衣片结构

① 因原型衣片的后肩线长度包含 1 cm 的肩省量，款式后片肩线不需要收肩省时，可在肩点处收进 0.7 cm，多出的 0.3 cm 作为后肩线的缩缝量。

② 为使肩部较为贴合，故衣片前肩点下降 0.5 cm，同时前衣片的胸围线也下降 0.5 cm，前后衣片的胸围根据款式需要可收小 0.5 cm。

（2）袖片结构

① 使用袖片原型时，由于前后衣片的胸围各收小了 0.5 cm，故袖宽线两侧也各收小 0.5 cm。为使袖口抽褶效果美观，故袖口两侧各放出 0.5 cm 的松量，后袖口往下 0.7 cm，目的是使后袖口产生较为丰满的抽褶效果。

② 由于是袖口抽褶，袖口开口止点适合放在袖缝处，长度 4 cm 左右。

③ 抽褶在袖克夫收口，袖克夫的长度可直接采用定数，也可采用净胸围 / 3 - 2 cm。

（二）泡泡短袖

该款袖型的泡泡松量集中在袖口，以袖克夫收口。款式见图 5-2-3。

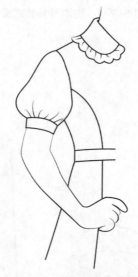

图 5-2-3　泡泡短袖款式图

结构设计见图 5-2-4。

结构设计要点：

（1）衣片结构

① 后衣片原型的肩线收进 1.7 cm，前衣片原型的肩线收进 1 cm，因为衣片原型的后肩线包含 1 cm 的肩省，故此时后肩线比前肩线长度长出 0.3 cm，这 0.3 cm 作为后肩线的缩缝量。

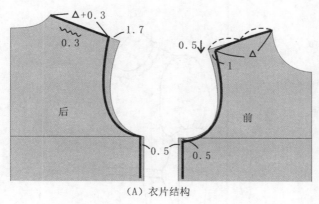

（A）衣片结构

使用袖片原型

袖口展开图

重叠0.3~0.5

开口止点

袖克夫

净B/3

1.5
（叠门量）

（B）袖片结构

图5-2-4　泡泡短袖结构设计图

② 前衣片肩点、前衣片的胸围线各下降 0.5 cm，前后衣片的胸围处收小 0.5 cm。

（2）袖片结构

① 袖长设计。短袖长度在袖宽线下 4~6 cm 处，这是童装短袖长度设计所常用的尺寸。

② 使用袖片原型时，袖宽线两侧各收小 0.5 cm，是与衣片胸围收小 0.5 cm 相呼应；袖山提高 1 cm，是补足前衣片原型肩线收进的 1 cm 的量。

③ 由于在袖口抽褶，故袖口的抽褶量要通过纵向剪开的方法加大袖口的松量，在袖山中点左右两侧重叠 0.3~0.5 cm 是为了减少袖山吃势的量；后袖口处的弧线要往下 2 cm 左右，使后袖长度增加，袖克夫收口后，会产生优美的外形。

④ 由于是袖口抽褶，袖口开口止点适合放在袖缝处，长度 2.5 cm。

⑤ 褶裥在袖克夫处收口，短袖的袖克夫长度可直接采用定数，也可以按公式：净胸围 /3，钉扣子的叠门量 1.5 cm 需另外加上。

（三）灯笼袖

此款灯笼袖是将袖山和袖口都进行抽褶，以袖克夫收口，形成灯笼状。款式见图 5-2-5。

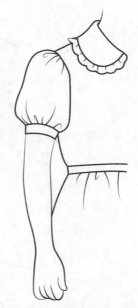

图 5-2-5　灯笼袖款式图

结构设计见图 5-2-6。

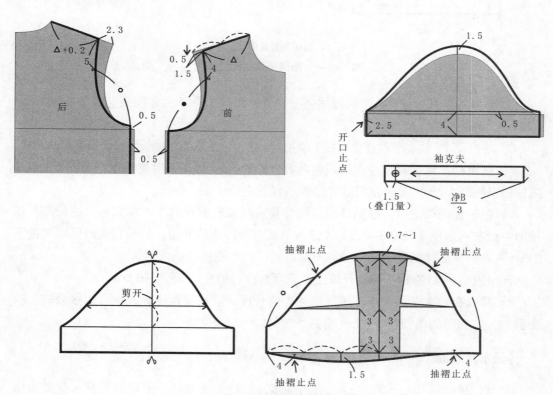

图 5-2-6　灯笼袖结构设计图

结构设计要点：

灯笼袖由于袖山抽褶会使肩部产生扩张感，故肩线要收窄，避免因袖山抽褶后肩部产生外扩。

（1）衣片结构

① 后衣片原型的肩线收进 2.3 cm，前衣片原型的肩线收进 1.5 cm，因为原型的后肩线包含 1 cm 的肩省，后衣片不收省时可将 1 cm 的肩省量直接在袖窿处收进。

② 后衣片原型的胸围线提高 0.5 cm，前、后衣片的胸围处收小 0.5 cm。

（2）袖片结构

使用袖片原型时，袖宽线两侧各收小 0.5 cm，袖山提高 1.5 cm，同时将袖宽线也提高 0.5 cm。由于在袖山和袖口都抽褶，故需将袖山和袖口的量通过剪开的方法加大，注意后袖口处的弧线要往下 1.5 cm，使后袖长度增加，袖克夫收口后，会产生优美的外形。

（四）低袖山灯笼袖

低袖山灯笼袖是一种袖山较低的袖型，此款为袖山和袖口均有抽褶量，袖口用斜丝滚边工艺收口，表现得童趣十足，显得活泼可爱。款式见图 5-2-7。

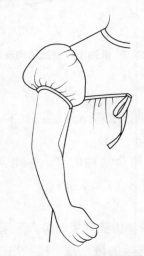

图 5-2-7　低袖山灯笼袖款式

结构设计见图 5-2-8。

结构设计要点：

（1）衣片结构

后衣片的肩线收进 2.3~2.8 cm，前衣片的肩线收进 1.5~2 cm，后衣片原型的肩省在肩点袖窿处直接收掉，使后肩线比前肩线长出 0.3 cm 左右作为缩缝量；前肩点下降 0.5 cm，后衣片的胸围线提高 0.5 cm，前后衣片的胸围处收小 0.5 cm。

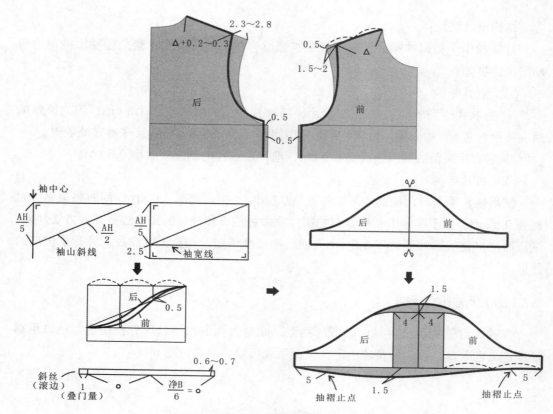

图 5-2-8　低袖山灯笼袖结构设计图

（2）袖片结构

采用低袖山的制图方法，制图步骤及设计要点如下：

① 先量取前后衣片的袖窿弧长 AH。

② 画出直角三角形，短直角边是袖山高，采用 AH/5；斜边是袖山斜线，采用 AH/2。

③ 袖长 =AH/5 + 2.5 cm。

④ 袖山弧线如图 5-2-8，前袖山弧线的凹势大于后袖山弧线。

⑤ 袖中线剪开，上下放出同等的量，袖中线高出 1.5 cm 画顺前后袖山斜线。注意，袖口要呈弧线状，后袖口处的弧线要往下 1.5 cm。

⑥ 袖口以滚边工艺收紧。

二、合体型袖子结构设计

　　童装的合体型袖子是相对于衬衫袖、插肩袖等较宽松的袖型而言的，与成人的合体型是有区别的，通常用于男女童外套、大衣等服装中。

1. 一片合体长袖

一片合体长袖的袖型比一般的衬衫袖和插肩袖要合体，袖口相对较小，袖型呈自然前倾状态。依据收省的位置，分为 A 款和 B 款；A 款在袖肘部位的后袖片上收省，B 款在后袖片的袖口处收省。款式见图 5-2-9。

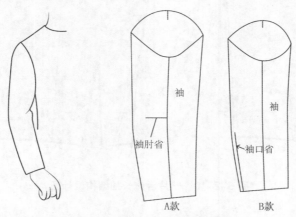

图 5-2-9　一片合体长袖款式图

结构设计见图 5-2-10。

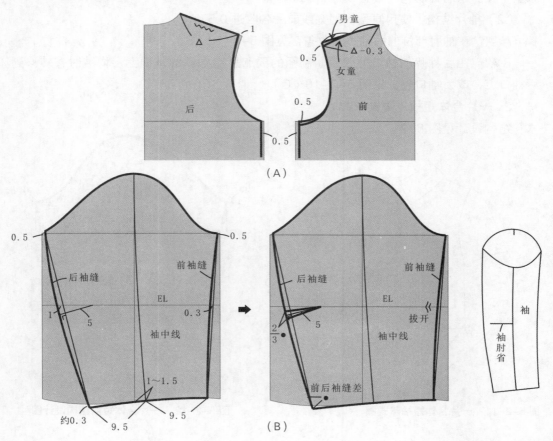

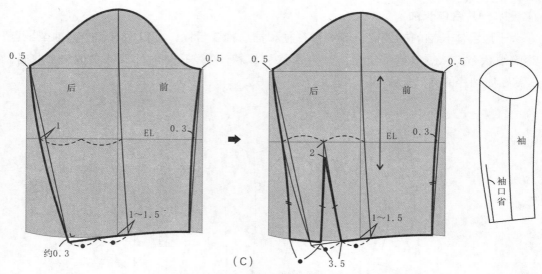

（C）

图 5-2-10　一片合体长袖结构设计图

结构设计要点：

（1）衣片结构：女童装前肩下降 0.5 cm，同时前胸围线也下降 0.5 cm；男童装按原型不变。前后片的胸围线各收进 0.5 cm。

（2）袖片结构：使用原型，袖宽线前后各收进 0.5 cm。

A 款：在袖肘部位的后袖片上收省，见图 5-2-10（B）。

B 款：在后袖片的袖口处收省，制图的要点是在 A 款的基础上，将袖肘省转移到后袖口上，成为袖口省，见图 5-2-10（C）。

2. 一片合体短袖（图 5-2-11）

结构设计见图 5-2-12。

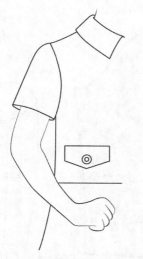

图 5-2-11　一片合体短袖款式图

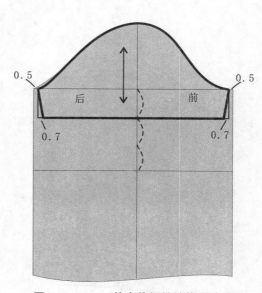

图 5-2-12　一片合体短袖结构设计图

结构设计要点：

（1）衣片结构：制图方法同图 5-2-10。女童装前肩下降 0.5 cm，同时前胸围线也下降 0.5 cm；男童装按原型不变。前后片的胸围线各收进 0.5 cm。

（2）袖片结构：使用原型，袖宽线前后各收进 0.5 cm，短袖的袖长通常是袖宽线至袖肘线的三分之一，袖口比袖宽前后各收小 0.7 cm。

3. 外套型稍合体长袖（图 5-2-13）

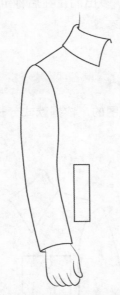

图 5-2-13　外套型稍合体长袖款式图

结构设计见图 5-2-14。

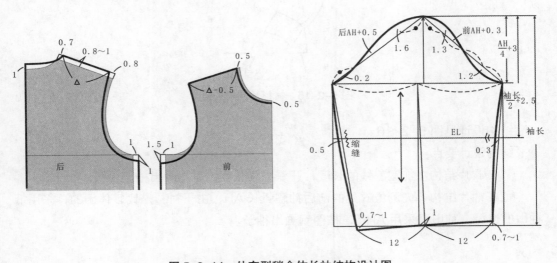

图 5-2-14　外套型稍合体长袖结构设计图

结构设计要点：

（1）衣片结构：由于外套内穿毛衣等服装，故后衣片的肩线提高 0.8~1 cm，后颈点也提高 1 cm；后领围开大 0.7 cm，前领围开大 0.5 cm；衣片的前后胸围各片加大 1 cm，后胸围线下降 1 cm，前胸围线下降 1.5 cm。

（2）袖片结构：先测量前后袖窿的弧长，袖山高采用 AH/4＋3 cm，在袖口处袖中线偏前 1 cm，前袖缝线比基础袖长缩短 0.7~1 cm，后袖缝线比基础袖长加长 0.7~1 cm，使后袖缝线长于前袖缝线，多出的量在后袖缝的袖肘线位置作缩缝处理，缝制完成后的袖子会形成自然前倾的状态。

三、衬衫袖结构设计

衬衫袖是配合衬衫的衣片而制图的，依据款式分长袖和短袖。

1. 衬衫长袖（图 5-2-15）

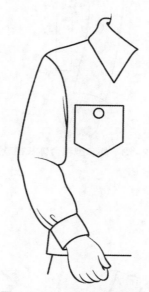

图 5-2-15　衬衫长袖款式图

结构设计见图 5-2-16。

结构设计要点：

（1）衣片结构：加宽肩线的长度，开深袖窿深度，重新画出袖窿弧线。

（2）袖片结构：先测量衣片的前后袖窿弧长 AH，由于衬衫是比较休闲的，采用低袖山的造型，袖山高采用 AH/5，按图示画出袖子。

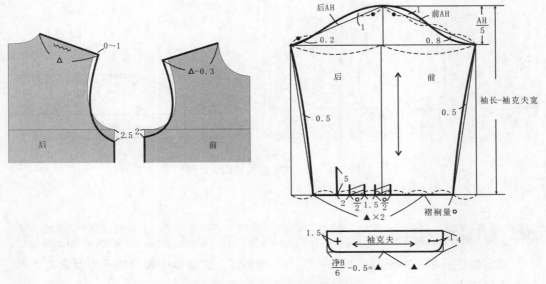

图 5-2-16　衬衫长袖结构设计图

2. 衬衫短袖（图 5-2-17）

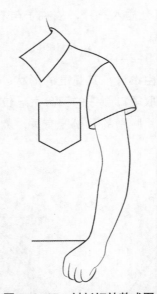

图 5-2-17　衬衫短袖款式图

结构设计见图 5-2-18。

结构设计要点：

（1）衣片结构：加宽肩线的长度，开深袖窿深度，重新画出袖窿弧线。

（2）袖片结构：先测量衣片的前后袖窿弧长 AH，由于衬衫是比较休闲的，采用低袖山的造型，袖山高采用 AH/5，按图示画出袖子。

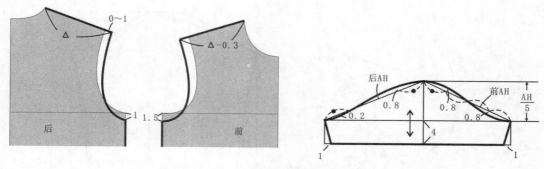

图 5-2-18　衬衫短袖结构设计图

四、插肩袖结构设计

插肩袖是将袖子的一部分插入衣片的一种袖型，在童装中常应用于男女童夹克衫、外套等款式中。

（一）插肩袖结构设计原理

由于插肩袖是将袖子的一部分插入衣片，故袖子与衣片会相互影响，相互制约，因此在结构设计时应注意以下几点：

1. 袖子与衣片的分割线（图 5-2-19）

袖子与衣片的分割线可以自由设计，其弧度的形状、位置可根据款式设计要求进行分割，通常在衣片的领口处，取领口弧线的三分之一位置为领口分割起点。衣片的袖窿通常需开深，开深的量与衣片胸围的宽松度有关，款式越宽松，其袖窿的开深度就越大。

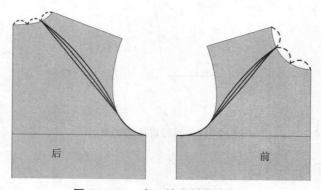

图 5-2-19　衣、袖分割线的变化

2. 袖中线倾斜度的确定（图 5-2-20）

一般中性插肩袖，袖中线是以45°角为标准，这是依据我们将手叉腰时，手臂大约形成 45° 角这个原理，故袖中线采用 45° 角，既考虑了人体运动的机能性，又体现了袖子的美观度。

若需要增加手臂的活动量，则袖中线的倾斜度要小于 45° 角，袖子较为宽松舒适，但合体度就会降低；而若选择袖子合体，袖腋下的褶皱量较小时，则袖中线的倾斜度要大于 45° 角，袖型美观度增加。由于儿童天性活泼好动，穿着时以宽松为主要考虑要素，故适合选用袖中线倾斜度 45° 角或小于 45° 角的结构。

后袖的袖中线在 45° 角倾斜度上抬 1 cm，是考虑后肩的厚度。又考虑肩部的造型有一定的厚度与圆势，应视款式在前、后衣片的肩点水平线延长 0~1 cm。

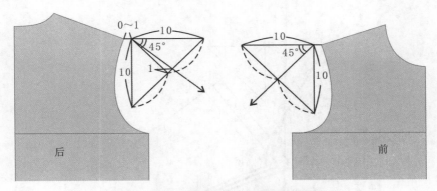

图 5-2-20　普通插肩袖袖中线倾斜度的确定

3. 袖山高的确定（图 5-1-21）

插肩袖袖山高的选用原则与普通装袖一样，袖子合体造型时，袖山高度就提高，袖子宽松造型时，袖山高度就降低。在进行具体的结构设计时，可以依据装袖衣片袖窿的前后 AH 数值，按照装袖类袖子袖山高的设计原理，结合服装款式设计袖山高尺寸。同一件服装，前、后袖片的袖山高必须相等。

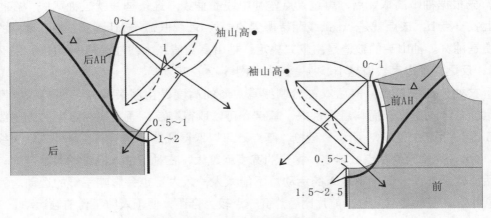

图 5-1-21　袖山高的确定

4. 袖山高度与袖宽及手臂活动量的关系（图5-2-22）

插肩袖的袖山高与袖宽的关系与普通装袖相同，在衣袖分割线、袖中线倾斜度相同的情况下，袖山越高，袖宽越窄；反之，袖山越低，袖宽越大。

将图5-2-22中高袖山A所对应的袖下线A′，与低袖山C所对应的袖下线C′进行比较，可以看出袖下线C′长于袖下线A′。这表明，处于高袖山A的状态下，当手臂放下时，袖子的外形较为美观，但由于袖下线A′相对较短，手臂的活动量就相对减少。而处于处于低袖山C的状态下，当手臂放下时，袖子的外形相对宽松肥大，但由于袖下线C′相对较长，手臂的活动量就相对也大。

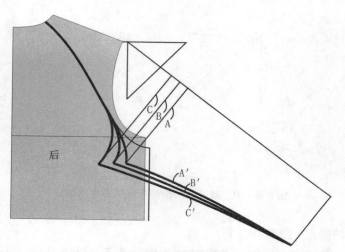

图5-2-22　袖山高度与袖肥及手臂活动量的关系

5. 袖宽、衣袖分割线基点的确定（图5-2-23）

袖宽：在进行插肩袖结构设计时，袖宽的数值是随袖山高而变化的。如图5-2-23，先根据袖山高取a点，再过a点作袖中线的垂线，这条垂线就是袖宽线，在袖宽线上找一点b，该点就是cd弧线翻转得到的，故bc弧长等于cd弧长，a~b之间的距离便是袖宽。袖山高的数值是由款式决定，袖山高数值越大，袖宽越小（图5-2-23A款）；反之，袖山高数值越小，袖宽越大（图5-2-23B款）。

衣袖分割线基点：前后衣袖分割线基点c的高度是由服装款式、面料等因素所决定。若款式宽松、面料悬垂性好，基点c可以取得高点，通常取在原型的胸围线上2~5cm；而款式合体、面料较硬挺，基点c可以取得低点，通常取在原型的胸围线上0~2cm。其原因是基点c越高，袖子的宽度就越大，在袖下放入的活动量就越大，手臂活动就越方便。但袖下放入的活动量不能太大，太大了也会影响手臂的运动。值得注意的是，在取基点c时，前片比后片低一点较为合适，便于人体手臂前倾运动。

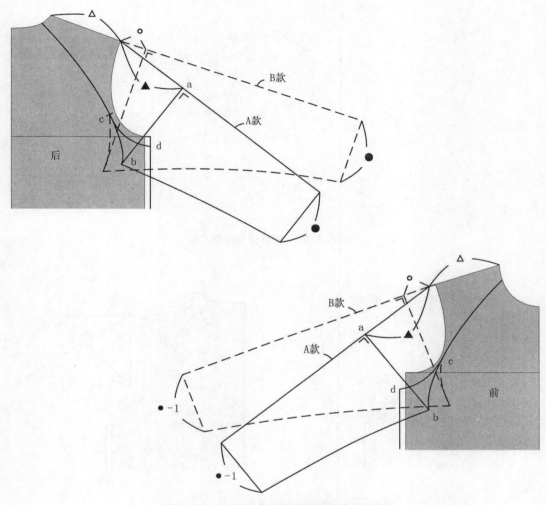

图 5-2-23　袖山中线斜度与袖山高的比较

（二）插肩袖结构设计方法

插肩袖款式的服装常作为外衣穿着，如春秋季夹克衫、冬季外套或连体童装，普通插肩袖款式有两片结构和一片结构之分，见图 5-2-24。

1. 普通插肩袖两片结构设计

（1）后袖片结构设计见图 5-2-25。

后袖片结构设计要点：

① 衣袖分割线的确定：作为夹克衫或外套，由于内穿长衫或毛衣等服装，故在后衣片结构上，后肩线上抬 0.7 cm 左右，以满足肩部的厚度，后领深上抬 0.5 cm，领宽开大 0.5 cm，后胸围每片加大 0.5 cm，随之袖窿开深 1 cm。衣袖分割线距领口侧颈点 2 cm，分割线的基点 c 距原型胸围线 2.5 cm。

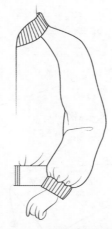

图 5-2-24　普通插肩袖款式图

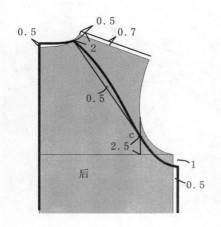

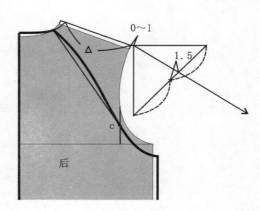

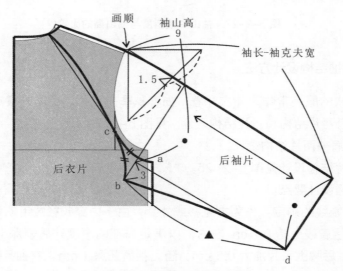

图 5-2-25　后袖片结构设计图

② 袖中线倾斜度设计：其原理见本节"袖中线倾斜度的确定"，后片袖中线倾斜度少于45°，在肩点延伸点的直角等腰三角形，斜边等分点上提1~1.5 cm。

③ 后袖片绘制：延长袖中线，确定袖山高和袖宽，见本节"袖山高的确定"和"袖宽、衣袖分割线基点的确定"，衣片上的 ca 弧长必须等于袖片上的 cb 弧长；后袖口大比后袖宽小 3 cm（依据款式而定）。

（2）前袖片结构设计见图5-2-26。

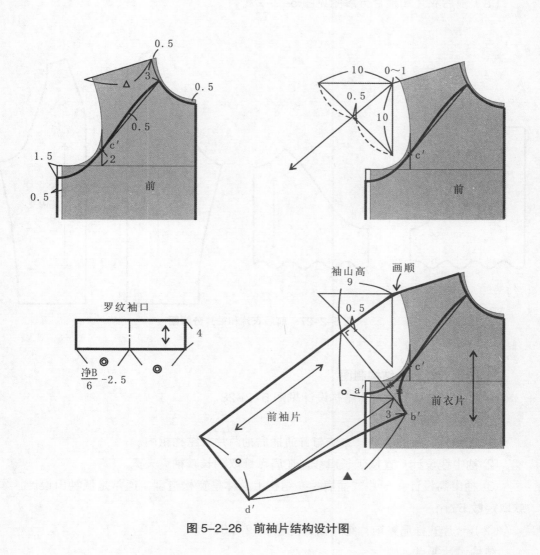

图 5-2-26　前袖片结构设计图

前袖片结构设计要点：

① 衣袖分割线的确定：依据款式，前领宽和前领深各开大 0.5 cm，胸围每片加大

0.5 cm，随之袖窿开深 1.5 cm（比后衣片多开深 0.5 cm）。衣袖分割线距领口侧颈点 3 cm，分割线的基点 c' 距原型胸围线 2 cm（比后片基点 c 少 0.5 cm）。

　　② 袖中线设计：依据后袖中线的倾斜度，前袖中线倾斜度大于后片。

　　③ 前袖片绘制：延长袖中线，同一款式的袖子，其袖山高前后片必须相等，前袖宽和前袖口大的确定方法与后片相同（依据款式而定）；衣片上的 $c'a'$ 弧长必须等于袖片上 $c'b'$ 弧长；完成后需检查前片的袖下线 $b'd'$ 长度与后片的袖下线 bd 长度相等。

　　（3）前后衣片和袖片分解图见图 5-2-27。

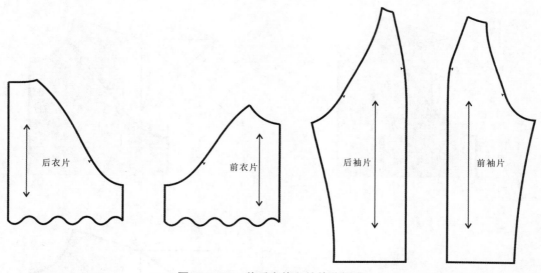

图 5-2-27　前后衣片和袖片分解图

2. 一片式插肩袖结构制图

（1）一片式插肩袖后片结构设计见图 5-2-28。

结构设计要点：

① 衣袖分割线的确定：方法与普通插肩袖两片式结构相同。

② 袖中线设计：直接延长肩线，在肩点量取袖长减袖克夫宽。

③ 袖山高设计：一片式插肩袖在结构上总体是宽松造型，通常是低袖山设计，本款取定数 5 cm。

（2）一片式插肩袖前片结构设计见图 5-2-29。

结构设计要点：

① 衣袖分割线的确定：方法与普通插肩袖两片式结构相同。

② 袖中线设计：直接延长肩线，前片肩袖长度与后片肩袖长度相等。

③ 袖山高设计：同一款式的结构，前后片的袖山高必须相等。

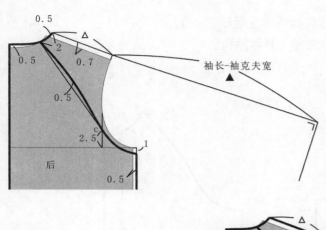

袖长-袖克夫宽 ▲

0.5

2

0.5

0.7

0.5

c

2.5

后

1

0.5

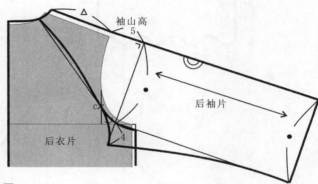

袖山高

5

7

后袖片

c

后衣片

4

图 5-2-28　一片式插肩袖后片结构设计图

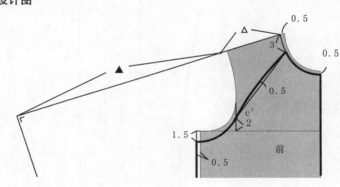

0.5

3

0.5

0.5

▲

c′

2

1.5

前

0.5

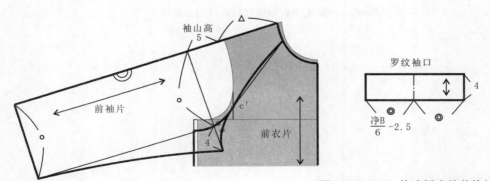

袖山高

5

前袖片

c′

4

前衣片

罗纹袖口

4

$\dfrac{净B}{6}-2.5$

图 5-2-29　一片式插肩袖前片结构设计图

（3）前后袖片拼接形成一片式插肩袖结构见图5-2-30。
把前后袖片的袖中线重叠，使之形成一片袖结构。

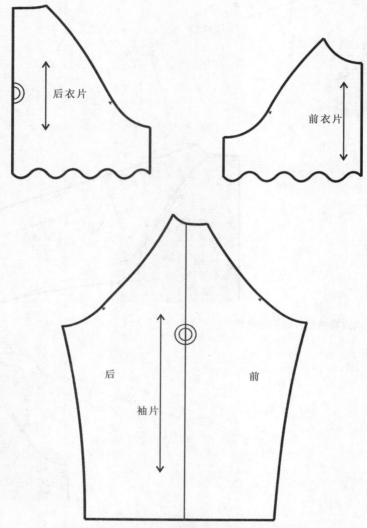

图5-2-30　一片式插肩袖前后片袖片闭合结构

第六章 ▎裤装结构设计与工艺

第一节　裤装结构设计基础

扫描二维码看第六章第一节内容

第二节　基础型裤装结构设计

本节内容提要：

（1）儿童裤子结构设计要点

（2）基础型童裤结构设计时相关尺寸的设计

（3）基础型长裤结构设计方法和具体步骤

（4）基础型短裤结构设计

一、儿童裤子结构设计要点

　　裤子结构设计所需尺寸有裤长、直裆、腰围、臀围、裤口围。其中直裆尺寸的设计、臀围放松量的确定是裤子结构设计的关键，也是影响裤子穿着舒适度的主要因素。随着儿童的不断生长，其活动量增加，对应的裤型也需有所变化。为适应儿童各个不同的生长期，将裤子分为以下几类：

1. 穿尿不湿的婴童期（新生儿~2周岁左右）

　　直裆尺寸的设计应考虑尿不湿的厚度，直裆应适当加长；臀围宜宽松，便于活动；

腰头适合装松紧带，方便穿脱和更换尿不湿；裆部及裤子的内侧缝适合开口，用子母扣开合。

2. 取下尿不湿的幼儿期（2~6周岁）

该时期的幼儿臀腰差还是比较接近，裤腰适合装松紧带，方便穿脱和大小便，此阶段的幼儿活泼好动，裆部要有一定的松量。与成人体型相比，儿童的体型接近圆筒形，裆部的宽度可适当增量。

3. 6周岁以上的儿童

该时期儿童处于上学阶段，运动量大，臀腰放松量不足、直裆太长或太短都会妨碍儿童运动，裤子太长也不利于活动。结构设计时，各部位的制图尺寸的制定要考虑这些因素。

二、基础型童裤结构设计时相关尺寸的设计

基础型裤子制图所需尺寸有裤长、直裆、腰围、臀围、裤口围，制图单位为厘米（cm）。为方便读者进行裤子结构制图，参照国家服装号型标准相关尺寸，给出各身高段儿童基础型裤子结构制图参考尺寸（表6-2-1）。

表6-2-1　基础型裤子制图参考尺寸
单位：cm

号/型	裤长	直裆（实测数据+3 cm，不含腰头宽3 cm）	腰围（净）	臀围（净）	脚外踝高
80/47	40	15+3=18	47	49	3
90/47	47	16+3=19	47	49	4
100/50	54	17+3=20	50	54	4
110/53	61	17+3=20	53	59	5
120/56	68	18+3=21	56	64	5
130/59	75	19+3=22	59	69	6

注：身高90~130 cm，裤长分档数值为7 cm；腰围分档数值为3 cm；分档数值为5 cm。

（1）裤长：基础型裤长是侧腰量至脚踝的长度，也可参照国标服装号型的腰围高减去脚外踝的高度。本表计算方法：裤长 = 腰围高 – 脚外踝的高度（3~5 cm 不等）。

（2）直裆：直接测量得到的尺寸加上定数（不含腰头宽），基础型裤子直裆的加放定数采用3 cm，其他裤型适当调整。表6-2-1计算方法：直裆实测数+3 cm。

（3）腰围：参照国家标准服装号型标准，下装的一个长度对应2~3个型（裤子的型是指腰围），表6-1-1中的腰围取其中间值，国家标准中的腰围是净体尺寸，根据不同的款式确定是否需要加大腰围。全松紧带腰围时，腰围制图尺寸与臀围制图尺寸

相近。

（4）臀围：参照国家标准服装号型标准，下装的一个型（腰围），对应一个臀围尺寸（净体），制图时根据不同的款式臀围应加不同的放松量，针织面料时松量可适当减少。针织紧身裤时，可视紧身程度不加松量或将净臀围作减量处理。裤子的宽松程度决定了臀围松量加放的多少，儿童裤装臀围放松量一般规律如下：

较合体型：净臀围＋10~15 cm；

较宽松型：净臀围＋16~23 cm；

宽松型：净臀围＋24 cm以上。

（5）裤口围：根据不同的款式凭经验确定。

三、基础型长裤结构设计方法和制图步骤

基础型长裤为连腰装松紧带款式，整体造型松紧度合适，具体款式见图6-2-1。

图6-2-1 基础型长裤款式图

基础型长裤以6周岁、约120 cm身高的儿童尺寸进行制图，臀围基础放松量为14 cm，裤子长度至脚踝，制图参考尺寸见表6-2-2。

表6-2-2 基础型长裤制图参考尺寸

单位：cm

号/型	裤长	直裆（含腰头宽）	W腰围（净）	H臀围	1/2裤口围
120/56	72-2=70	21＋3（腰头宽）=24	56	64（净）+14（放松量）	17

基础型长裤结构制图的方法有两种，一种是前后裤片重叠绘制法，另一种是前后裤片分开绘制法，其制图原理是一样的。

（一）前后裤片重叠绘制法

为方便读者掌握具体的制图步骤和方法，下面分步骤进行绘制。

1. 前裤片结构设计（图6-2-2）

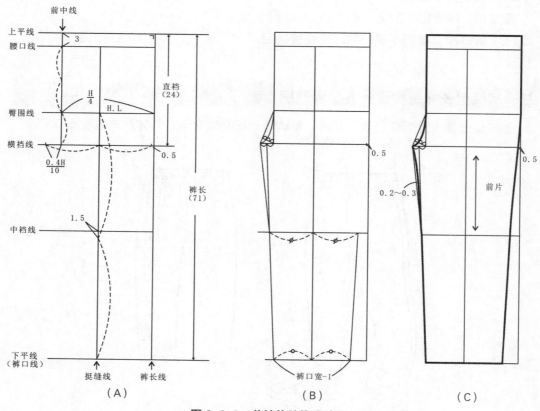

（A）　　　　　　（B）　　　　　　（C）

图6-2-2　前裤片结构设计图

（1）步骤一：基础线绘制一见图6-2-2（A）。

结构设计要点：

① 先画上平线和裤长线，两条线成直角，再画下平线（裤口线）。

② 依次画腰口线、横裆线、臀围线。

③ 腰口线距上平线3 cm；在臀围线上确定前臀围大H/4；在横裆线上确定前裆宽0.4H/10、横裆线与裤长线交点撇进0.5 m。

④ 再确定挺缝线，最后确定中裆线。

（2）步骤二：基础线绘制二见图6-2-2（B）。

结构设计要点：

① 连接横裆线的前裆宽点与前中线上的臀围线交点，形成一个直角三角形，从直角处作斜边的垂线，将垂线三等分。

② 前裤口大采用裤口宽 −1，通过前挺缝线平分。

③ 前裆宽二等分点与裤口大内侧点直线连接，并与中裆线有个交点，将该交点与前裆宽点连接，形成前内侧缝辅助线。

（3）步骤三：轮廓线绘制见图 6-2-2（C）。

制图要点：

用粗实线连接各线。弧线连接前裆弧线、横裆线与中裆线之间的内侧缝弧线和外侧缝弧线。

2. 后裤片结构设计（图 6-2-3）

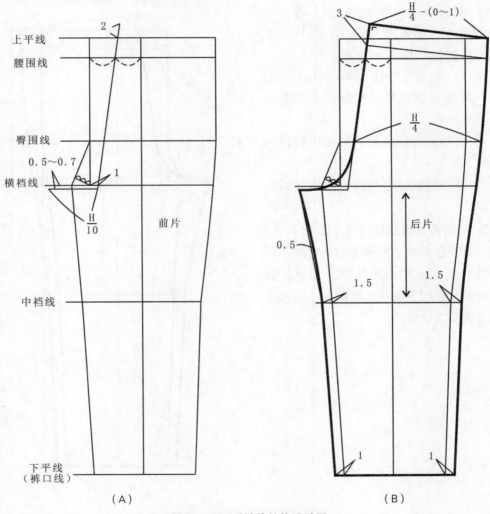

图 6-2-3　后裤片结构设计图

（1）步骤一：基础线绘制见图
6-2-3（A）。

结构设计要点：

① 先画出前片的基础线。

② 确定后中斜线、后翘高 2 cm、后
落裆线 0.5~0.7 cm。

③ 确定后裆宽，采用 H/10。

（2）步骤二：轮廓线绘制见图
6-2-3（B）。

结构设计要点：

① 画出后裆斜线及后裆弧线。

② 依次确定后臀围大 H/4，后中裆
宽比前裤片两侧各大 1.5 cm、后裤口宽
比前片两侧各大出 1 cm。

③ 后腰口大可按 H/4-（0~1 cm）
计算，具体视后裤片外侧缝的弧顺度作
适当调整。

④ 按图示连接各点，画出后裤片的
轮廓线。

⑤ 最后检查前后裤片的内侧缝线是
否相等。

3. 前后裤片重叠绘制法（图 6-2-4）

为方便快捷地进行裤子结构绘制，可
在前裤片制图完成后的基础上绘制后裤
片，制图步骤和要点与分步骤前、后裤片
制图步骤和方法相同。

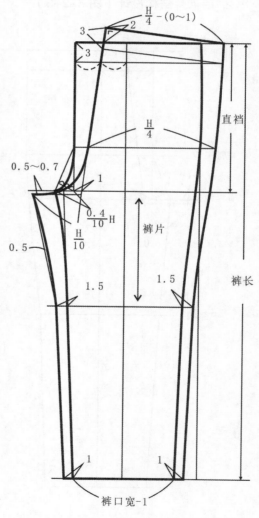

图 6-2-4　前后裤片重叠绘制法

（二）前后裤片分开绘制法（图6-2-5）

结构设计要点、制图步骤与以上几种方法相同。

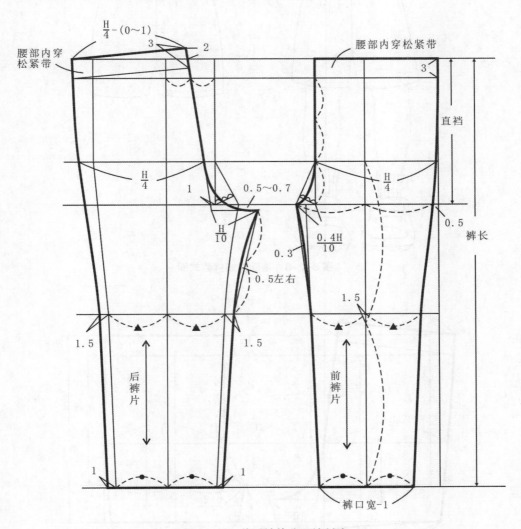

图 6-2-5　前后裤片分开绘制法

四、基础型短裤结构制图

1. 款式（图6-2-6）
基础型短裤为连腰设计，内穿松紧带，平脚裤口。

2. 结构设计（图6-2-7）
结构设计要点：

基础型短裤结构制图的步骤与基础型长裤相同，其要点基本相近，不同之处是后

图 6-2-6　基础型短裤款式图

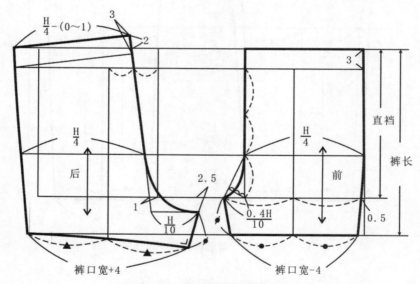

图 6-2-7　基础型短裤结构设计图

裤片的裤口线随落裆线下落，落裆量为 2.5 cm 左右，制图时注意裤口线与内侧缝成直角。

3. 短裤样板后裆低落的原因（图 6-2-8）

短裤的落裆量大于普通长裤，达到 2~3 cm，主要是为了使前后裤片拼合后裤口弧线仍保持圆顺。

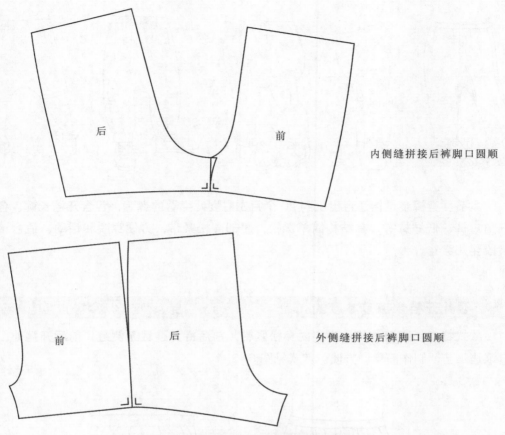

内侧缝拼接后裤脚口圆顺

外侧缝拼接后裤脚口圆顺

图 6-2-8　短裤装后裆低落与裤脚口弧线的关系

第三节　婴童裤装结构设计与工艺

本节内容提要：

（1）婴儿开裆长裤基本款式

（2）基础型婴童三角短裤

（3）泡泡型婴童三角短裤

（4）婴童低裆九分裤（哈伦裤）

（5）婴童低裆五分裤（哈伦裤）

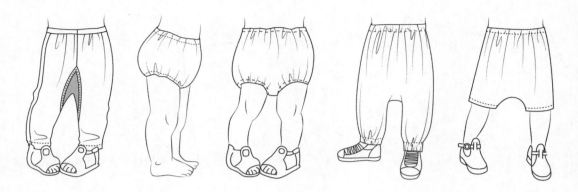

　　本节婴童裤装是指适合出生到 20 个月左右婴儿穿着的裤装，包含开裆长裤、各类三角短裤、低裆裤等，其结构简单宽松，腰部穿松紧带，方便穿脱和活动，适合该年龄段婴儿穿着。

一、婴儿开裆长裤基本款式

　　款式特点：连腰结构，腰头内穿松紧带，前后裤片连裁无侧缝，前后开裆处、裤口滚边工艺，制作简单、方便。款式见图 6-3-1。

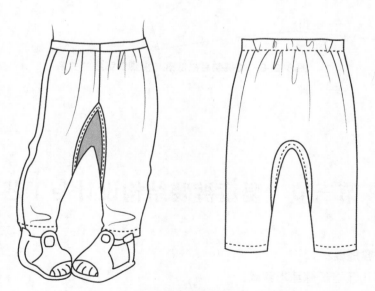

图 6-3-1　婴儿开裆长裤基本款式图

　　适合年龄：新生儿 ~4 个月。
　　适合面料：优质全棉针织布、薄型毛巾布、全棉柔软纱布等。

1. 结构制图参考尺寸（表6-3-1）

表6-3-1　结构制图参考尺寸表　　　　　　　　　　　　　单位：cm

裤长	臀围（H）	1/2 裤脚围
36~38	60~62	9

2. 结构制图设计（图6-3-2）

采用结构制图参考尺寸表中的定数进行结构制图。

制图裁剪要点：

由于结构非常简单，可以在面料上直接进行制图，可直接按放缝图的放松量进行裁剪。

3. 放缝要点（图6-3-3）

（1）腰头：放缝3 cm，其中腰头折边2 cm，，折边缝份1 cm。

（2）前后中缝、裤口内侧缝：采用来去缝工艺，故放缝1.5 cm。

（3）前后开裆处：采用滚边工艺，故不放缝。

4. 缝制工艺要点

（1）第一步：采用来去缝分别缝合前中缝、后中缝。

（2）第二步：对前裤裆、后裤裆、裤口进行滚边。

（3）第三步：采用来去缝缝合内侧缝。

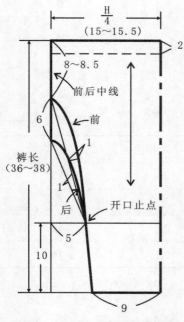

图号6-3-2　开裆长裤结构制图

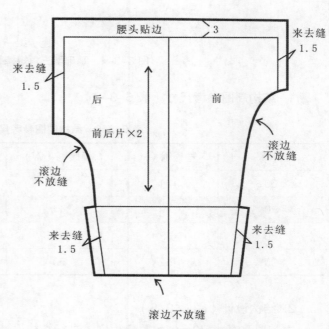

图6-3-3　放缝图

（4）第四步：腰头折边缝合，注意在距后中缝 2 cm 处留出 2 cm 不缝合，留出口子用于穿松紧带；然后把松紧带从留出的口子穿入，最后用叠缝的方法缝合松紧带两端。

二、基础型三角短裤

款式特点：该款基础型三角短裤可作为婴童连衣三角短裤、背带三角短裤的基础，腰部加贴边缉线后穿入 2 条 0.8~1 cm 宽的松紧带，裤裆底部前后相连形成一体，在裆底内部及裤口加垫贴布，裤口穿入 0.8~1 cm 宽的松紧带。

适合年龄：3 个月 ~20 个月的婴童，身高 60~80 cm。

适合面料：全棉针织面料、薄型优质全棉织物等。

款式见图 6-3-4。

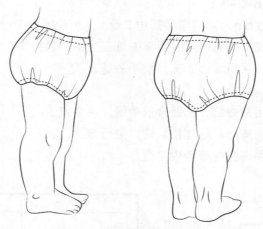

图 6-3-4　基础型三角短裤款式图

1. 结构制图参考尺寸（表 6-3-2）

表 6-3-2　结构制图参考尺寸表　　　　　　　　　　　　单位：cm

身高	净臀围（H）	净腰围（W）	净大腿根围	上裆
60	41	41	25	13
70	44	44	26	14
80	47	47	27	15
90	52	50	30	16

2. 结构设计（图 6-3-5）

本款以身高为 70 cm 的婴童为例，进行结构设计。

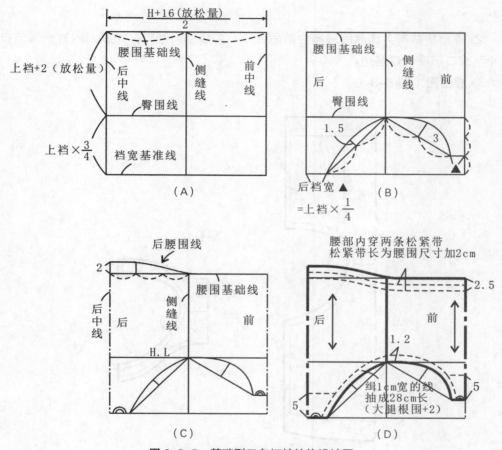

图6-3-5 基础型三角短裤结构设计图

制图步骤及结构设计要点：

（1）步骤一：基础线绘制，见图6-3-5（A）。

基础型三角短裤的臀围放松量为16 cm，如需增加裤口的外扩效果，可以再增加臀围的放松量。腰围线到臀围线的距离是上裆尺寸加2 cm的放松量，后裆线（裆宽基准线）距离臀围线是上裆尺寸的3/4。侧缝线处于前后中线之间。

（2）步骤二：大腿围弧线及裆部绘制见图6-3-5（B）。

从臀围线往下，前裆深线处于后裆深线的2/3位置，前后裆宽相等，约为上裆尺寸的1/4。大腿围弧线的特点是：前片的曲率大于后片。

（3）步骤三：后腰线绘制，见图6-3-5（C）。

在后中线，向上延伸2 cm，侧缝线的高度不变，画顺水平弧线，此线即为后腰围线。前腰围线处于腰围基础线上。

（4）步骤四：腰头折边、裤裆垫布的设计，见图6-3-5（D）。

① 裤腰：裤腰内穿2条松紧带，故需放出2.5 cm左右的折边量，在放缝时一同

加上。

②裤裆垫贴布：该款的裤裆为前后合一，为增加耐洗性，裆底部内衬一层垫布并延伸至裤口形成裤口贴边。

3. 放缝图（图6-3-6）

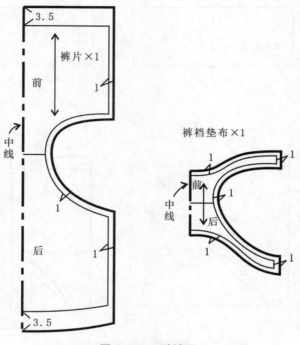

图6-3-6　放缝图

放缝要点：

（1）裤片放缝：前后裤片在裆部拼合形成一整片的结构，左右裤片连裁，除前后裤腰放缝3.5 cm（其中腰头折边2.5 cm）外，其余放缝1 cm。

（2）裤裆垫布放缝：与裤片相同，前后裤裆垫布拼合形成一整片的结构，左右连裁，各边放缝1 cm。

4. 缝制工艺

（1）裤裆垫贴布工艺见图6-3-7。

裤裆垫贴布缝制工艺要点：

①缝合裤口：将裤裆垫贴布与裤片正面相对（前片与前片相对，后片与后片相对），裤裆垫布的裤口与裤片的裤口边缘对齐，按1 cm的缝份车缝后，修剪留0.5 cm，再把缝份斜向剪口，便于翻烫平整。

②裤口边缝份车暗线：裤裆垫贴布正面朝上，将裤口缝份倒向裤裆垫贴布一侧，在垫贴布的裤口缝合处车0.1 cm，然后翻烫平整，此时裤片的裤口处看不到缝线（缝

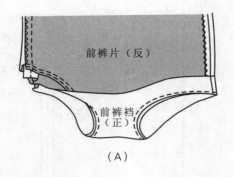

（A）

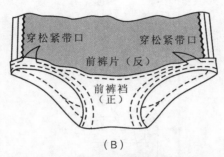

（B）

图 6-3-7　裤裆垫贴布缝制工艺图

线处于裤裆垫贴布一侧）。

　　③ 缝合侧缝见图 6-3-7（A）。

　　从裤腰开始连续缝合侧缝至裤裆垫贴布的侧缝，注意腰头上端留出 3.5 cm 不缝合；然后翻烫裤口边的止口线。

　　④ 车缝固定裤裆垫贴布，见图 6-3-7（B）。

　　将裤裆垫贴布的上端折烫进 1 cm 后，与裤片一起整理放平，再车缝固定。注意：裤裆垫贴布的侧缝要对准裤片的侧缝，距侧缝留出 1 cm 的口子不缝合，用于穿裤口松紧带。裤口松紧带的长度为大腿根部尺寸加 2 cm，穿松紧带的方法与腰头相同。

　　（2）腰头工艺见图 6-3-8。

　　腰头缝制工艺要点：

　　① 缝合侧缝：在侧缝处，腰头上端留出 3.5 cm 不缝合，预留穿松紧带的口子，见图 6-3-8（A）。

　　② 车缝腰头折边：将腰头三折边车缝，先按 1 cm 的缝份折烫，再按折边 2.5 cm 折烫，然后车缝三道线固定，穿松紧带的缝线间距为 1 cm，故松紧带的宽度需小于 1 cm，0.8 cm 或 0.7 cm 均可，见图 6-3-8（B）。

　　③ 穿松紧带：松紧带的长度为腰围尺寸加 2 cm，用穿带器夹住松紧带的一端，把穿带器的顶端从腰头预留的口子穿入一周后拉出，最后把松紧带的两端缝合固定，整理腰头后即可，见图 6-3-8（C）。

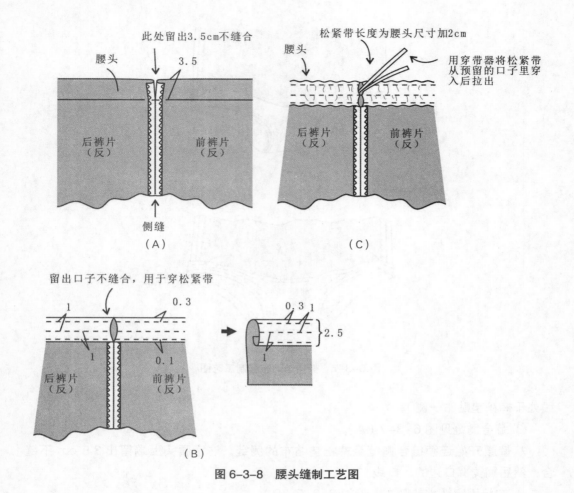

此处留出3.5cm不缝合

3.5

腰头

后裤片
（反）

前裤片
（反）

侧缝

（A）

松紧带长度为腰头尺寸加2cm

腰头

用穿带器将松紧带从预留的口子里穿入后拉出

后裤片
（反）

前裤片
（反）

（C）

留出口子不缝合，用于穿松紧带

1　　　　　　0.3

1　　　　　0.1

后裤片
（反）

前裤片
（反）

0.3　1

2.5

1

（B）

图6-3-8　腰头缝制工艺图

三、泡泡型三角短裤

款式特点：该款三角短裤在腰口和裤口有较多松量，腰口、裤口穿入松紧带后有较多的褶裥量，形成可爱的泡泡型短裤；前后裤裆底连裁形成一片式，在裤裆里侧加垫贴布。结构上采用前后裤片重叠的制图方法。

适合年龄：新生儿～2周岁儿童。

适合面料：全棉针织面料、薄型优质全棉织物等。

款式见图6-3-9。

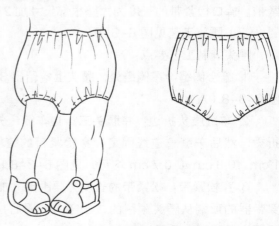

图6-3-9　泡泡型三角短裤款式图

1. 结构制图参考尺寸（表6-3-3）

表6-3-3 结构制图参考尺寸表 单位：cm

身高	净臀围（H）	净腰围（W）	净大腿根围	上裆
60	41	41	25	13
70	44	44	26	14
80	47	47	27	15
90	52	50	30	16

2. 结构设计（图6-3-10）

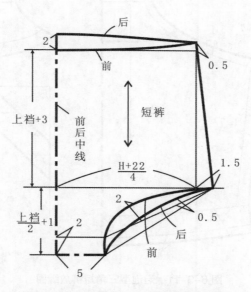

图6-3-10 泡泡型三角短裤结构设计图

本款以身高为70 cm的婴童为例，进行结构制图。

结构设计要点：

（1）臀围放松量为22 cm，裆底宽10 cm。

（2）短裤前后片的裆底连裁，形成前后一片式结构。

3. 放缝（图6-3-11）

（1）侧缝：来去缝工艺，放缝1.5 cm。

（2）腰头折边：总放缝量3.5 cm。

（3）裤裆贴边：上下两边各放缝1.5 cm。

（4）斜条宽3.5 cm，用于裤口贴边。

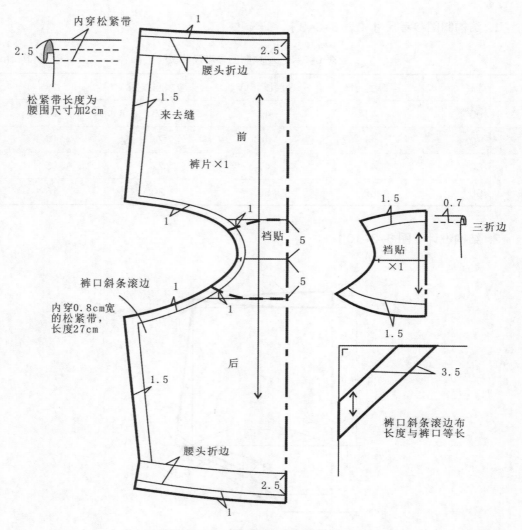

图6-3-11 泡泡型三角短裤放缝图

4. 缝制工艺要点

灯笼裤的两侧采用来去缝；腰围折边车缝后内穿松紧带；裤口车缝斜条贴边后内穿松紧带。

四、低裆九分裤（哈伦裤）

款式特点：造型宽松，裤裆低落，腰围和裤脚口内穿松紧带，穿脱方便，活动自如，男女婴童均适合。

适合年龄：6个月~2周岁。

适合面料：精梳人造棉、棉绸、针织面料。

款式见图 6-3-12。

图 6-3-12　低裆九分裤款式图

1. 结构制图参考尺寸（表 6-3-4）

表 6-3-4　结构制图参考尺寸表　　　　　　　　　　单位：cm

身高	裤长	裆长	净腰围	裤口松紧带长
70	37	25.5	45	9.5×2
80	41	28	48	10×2
90	45	30.5	51	10.5×2

2. 结构设计（图 6-2-13）

本款以身高 80 cm 为例进行结构设计。

结构设计要点：

结构简单，前后各呈现一片式造型，前后片结构相同。

3. 放缝要点

（1）腰头放缝 4 cm，其中腰头折边 3 cm、折边缝份 1 cm。

（2）裤脚口放缝 3 cm，其中裤口折边 2 cm、折边缝份 1 cm。

4. 缝制工艺要点

（1）腰头折边车缝后再穿入松紧带，松紧带的长度为腰围尺寸加 2 cm，用穿带器夹住松紧带的一端，把穿带器的顶端从腰头预留的口子穿入一周后拉出，最后把松紧带的两端缝合固定，整理腰头后即可，方法见图 6-3-8。

（2）裤口折边车缝后再穿入松紧带，松紧带的长度为大腿根部尺寸加 2 cm，穿松紧带的方法与腰头相同，方法见图 6-3-8。

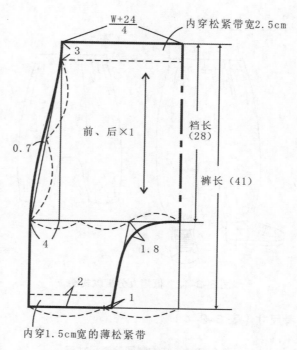

图 6-2-13　低档九分裤结构设计图

五、低档五分裤（哈伦裤）

款式特点：造型宽松，裤裆低落，腰围内穿松紧带，裤口宽松，穿脱方便，活动自如，男女婴童均适合。

适合年龄：6个月~2周岁。

适合面料：精梳人造棉、棉绸、针织面料。

款式见图6-3-14。

图 6-3-14　低档五分裤款式图

1. 结构制图参考尺寸（表6-3-5）

表6-3-5　结构制图参考尺寸表　　　　　　　　　　　　单位：cm

身高	裤长	裆长	净腰围
70	30	24.5	45
80	34	27	48
90	38	29.5	51

2. 结构设计（图6-2-15）

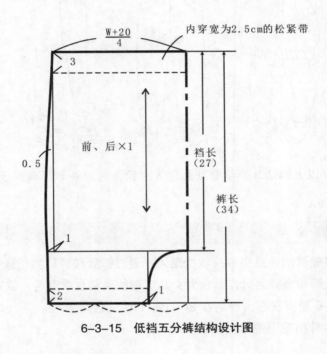

6-3-15　低裆五分裤结构设计图

本款以身高80 cm为例进行结构设计。

结构设计要点及腰头缝制工艺与"低裆九分裤"相同。

裤口放缝及工艺：如采用梭织面料，裤口放缝3 cm，三折边缝制，先折进缝份1 cm，再折进贴边2 cm，平缝机车缝固定。如是梭织面料，裤口放缝2.5 cm，折进贴边2.5 cm后，用双线绷缝机绷缝固定。

第四节 幼儿、学童期儿童裤装结构设计与工艺

本节内容提要：

（1）儿童灯笼裤

（2）装腰长裤

（3）女童针织紧身长裤

（4）男童休闲短裤

本节以 2 周岁以上的幼儿、学童期儿童为对象，选取 4 款经典裤子进行结构设计。

一、儿童灯笼裤

款式特点：灯笼裤的特点是裤身放松量大，通过裤腰和裤口的松紧带收缩，形成似灯笼的外形，有长裤和短裤之分，适合男女儿童春秋季和夏季穿着，款式见图 6-4-1。

适合年龄：2~6 周岁左右，身高在 80~120 cm 左右。

适合面料：各种小花型或素色棉布。

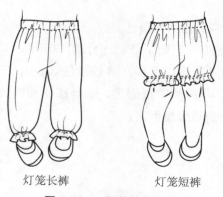

灯笼长裤   灯笼短裤

图 6-4-1　灯笼裤款式图

1. 结构制图参考尺寸（表6-4-1）

表6-4-1　结构制图参考尺寸　　　　　　　　　　　　　单位：cm

号型	身高	净腰围	臀围（含放松量16 cm）	长裤长度（含腰头2.5 cm）	短裤长度（含腰头2.5 cm）	直裆（含腰头2.5 cm）	裤口松紧带（长裤/短裤）
80/47	80	47	49+16=65	42	27	21	19/28
90/47	90	47	49+16=65	49	30	22	20/29
100/50	100	50	54+16=70	56	33	23	22/30
110/53	110	53	59+16=75	63	36	24	24/31
120/56	120	56	64+16=80	70	39	25	26/32

2. 灯笼长裤结构设计

本款以身高90 cm为例进行结构制图。

结构设计：有两种方法，一种是前后裤片重叠制图（图6-4-2），另一种是前后裤片一体式制图（图6-4-3）。

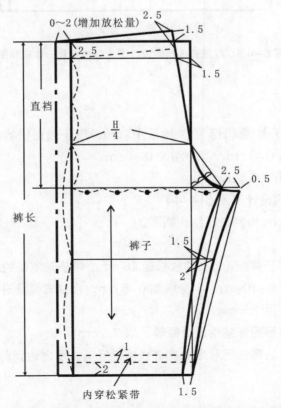

图6-4-2　灯笼长裤结构设计图（前后裤片重叠制图）

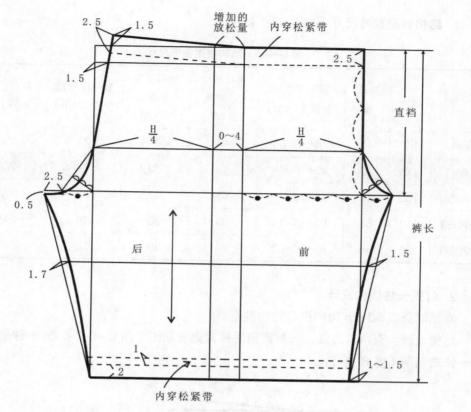

图 6-4-3　灯笼长裤结构设计图（前后裤片一体式制图）

结构设计要点：

① 放松量：裤子臀围（H）的放松量 16 cm，属于较宽松的结构，如需再宽松效果，可再增加放松量 0~8 cm，半身增加 0~4 cm。

② 后翘高：采用 1.5 cm。

3. 灯笼短裤结构设计（图 6-4-4）

本款以身高 90 cm 为例进行结构制图。

结构设计要点：

（1）放松量：裤子臀围（H）的放松量 16 cm，属于较宽松的结构，如需再宽松效果，可再增加放松量 0~10 cm，半身增加 0~5 cm，视款式需要进行设计。

（2）后翘高：采用 1.5 cm。

（3）落裆量：按照短裤结构设计原理，取 2.5 cm。

（4）后裤口线：后裤裆所对应的裤口线相应低落，使之达到前后内侧缝线相等。

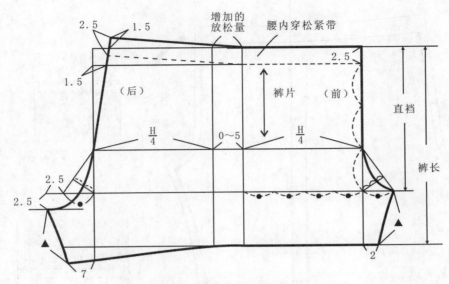

增加的
放松量   腰内穿松紧带

2.5   1.5

1.5

（后）   裤片   （前）

2.5

直档

$\dfrac{H}{4}$ 0~5 $\dfrac{H}{4}$

裤长

2.5

2.5

▲

2

▲

7

图 6-4-4 灯笼短裤结构设计图

3. 裤片放缝和工艺

（1）灯笼长裤放缝和工艺要点见图 6-4-5。

① 裤中缝和内侧缝：来去缝工艺，放缝 1.2 cm。

② 裤腰：放缝 3.5 cm，三折边工艺，先折光 1 cm，再折边 2.5 cm。腰止口车缝 0.5 cm，折边下口车缝 0.1 cm 固定折边缝份，后中缝处预留 2 cm 不车缝，用于内穿 2 cm 宽的松紧带；松紧带收缩后，腰上口会形成自然的荷叶边效果。

③ 裤口：放缝 4.5 cm，三折边工艺，先折光 1 cm，再折边 3.5 cm，距折边缝份处车缝 0.1 cm 固定折边缝份，再距此线 1 cm 车缝第二条线，两线中间内穿 0.6 cm 宽的松紧带。松紧带收缩后，裤口会形成自然的荷叶边效果。

（2）灯笼短裤放缝和工艺要点见图 6-4-6。

① 裤中缝和内侧缝：来去缝工艺，放缝 1.2 cm。

② 裤腰：放缝 3 cm，三折边工艺，先折光 1 cm，再折边 2 cm。腰止口车缝 0.5 cm，折边下口车缝 0.1 cm 固定折边缝份，后中缝处预留 2 cm 不车缝，用于内穿 1.2 cm 宽的松紧带；松紧带收缩后，腰上口会形成自然的荷叶边效果。

③ 裤口边放缝：放缝 1.5 cm，三折边工艺，先折光 0.7 cm，再折边 0.8 cm，距折边缝份处车缝 0.1 cm 固定折边缝份。

④ 裤口内贴边：贴边布为直丝，宽为 2 cm，把贴边布扣烫成 1.2 cm 宽，距裤口边 2 cm 车缝固定，内穿 0.8 cm 宽的松紧带，在两侧车缝固定。然后缝合内侧缝，裤口会形成 2 cm 宽的荷叶边。

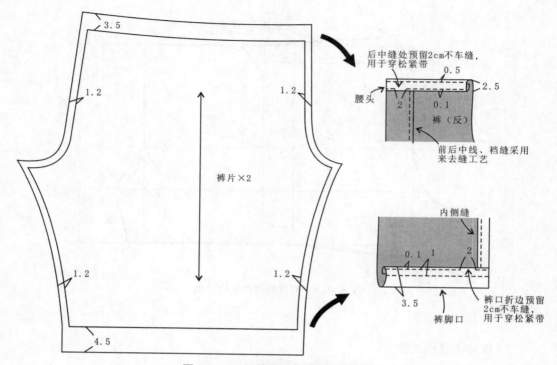

图 6-4-5　灯笼长裤放缝及工艺要点

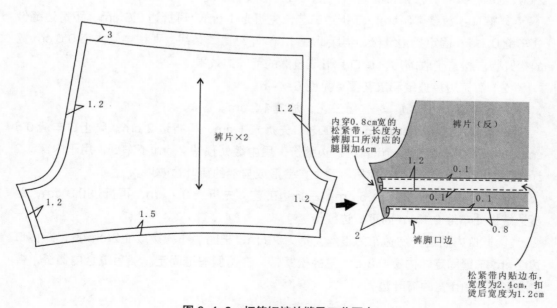

图 6-4-6　灯笼短裤放缝及工艺要点

二、装腰长裤

款式特点：装腰长裤，自前腰口袋处起连同后腰全部装松紧带，方便穿脱和活动，自然调节腰围。裤子前中拉链开口，弧形插袋。适合男女儿童春秋季穿着，如选用厚料也可用于冬季穿着。款式见图6-4-7。

适合年龄：5~10岁（身高110~140 cm）。

适合面料：薄型水洗牛仔布、素色中厚型棉布。

图6-4-7 装腰长裤款式图

1. 结构制图参考尺寸（表6-4-2）

表6-4-2 结构制图参考尺寸
单位：cm

号型	身高	腰围（收松紧带后）	臀围（含放松量16 cm）	裤长（含腰头3 cm）	直裆（含腰头3 cm）	裤口宽
110/50	110	51	54+16=70	65	24	16
120/53	120	54	59+16=75	72	25	17
130/56	130	57	64+16=80	79	26	18
135/57	135	58	68+16=84	82	26.5	19
140/60	140	61	73+16=89	85	27	20

2. 结构设计（图6-4-8）

本款以120/53的号型为例进行结构设计。

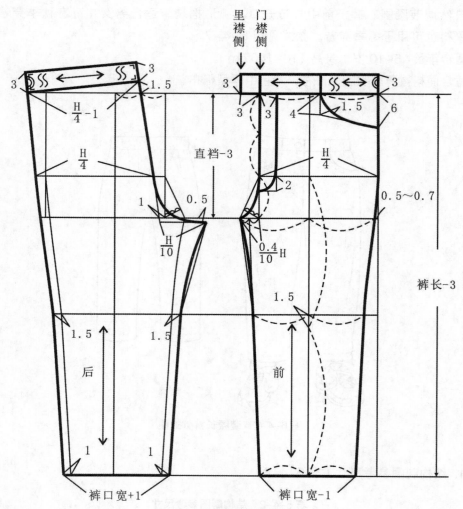

图6-4-8 装腰长裤结构制图

结构设计及工艺要点：

（1）前后臀围宽度均采用H/4，由于大部分腰是装松紧带的，制图时可忽略腰围尺寸，前腰围采用H/4，后腰围采用H/4-1。

（2）前裆宽采用0.4H/10，后裆宽采用H/10，后翘1.5 cm。

（3）前裤口宽采用裤口宽尺寸–1 cm，后裤口宽采用裤口宽尺寸+1 cm。

（4）腰头自前口袋位置两侧及后腰全部装松紧带；前口袋位置两侧向前中之间不装松紧带，前腰门襟侧与前中线对齐，里襟侧长度需加上里襟的宽度3 cm。

（5）口袋止口车双明线，裤口折边放缝3 cm，向内折光后，车明线固定。

三、女童针织紧身长裤

款式特点：此款针织紧身长裤，连腰穿松紧带，无外侧缝，由左右两片组成，适合春秋季女童穿着。款式见图6-4-9。

适合年龄：3~12岁（身高100~130 cm）。

适合面料：针织面料。

图6-4-9　女童针织紧身长裤

1. 结构制图参考尺寸（表6-4-3）

表6-4-3　结构制图参考尺寸　　　　　　　　　　　　　　单位：cm

号型	身高	腰围（收松紧带后）	臀围（含放松量4~6 cm）	裤长（含腰头3 cm）	直裆（含腰头3 cm）	裤口宽
100/47	100	47	49+（4~6）	56	20	21
110/50	110	50	54+（4~6）	62	21	22
120/53	120	53	59+（4~6）	68	22	23
130/56	130	56	64+（4~6）	74	23	24

2. 结构设计（图6-4-10）

本款以120/53的号型为例进行结构设计，采用前后片一体式制图方法。

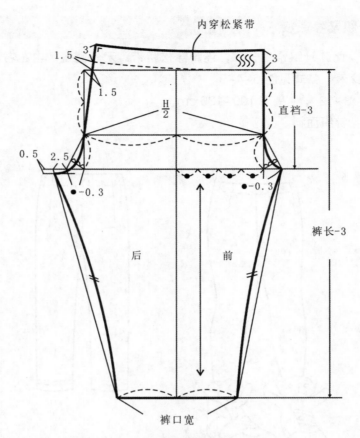

内穿松紧带

1.5 3

1.5

$\frac{H}{2}$

3

直裆-3

0.5 2.5

●-0.3   ●-0.3

后   前

裤长-3

裤口宽

图6-4-10 女童针织紧身长裤结构设计图

结构设计及工艺要点：

（1）臀围采用 H/2，制图时可忽略腰围尺寸，腰头内穿松紧带。

（2）前后裤片的内侧缝长度相等。

（3）由于是针织面料，缝制时采用四线包缝机和双线包缝机。

四、男童休闲短裤

款式特点：罗纹腰头内穿松紧带，前门襟半开口，裤身两侧装带袋盖的立体大口袋。款式见图6-4-11。

适合年龄：8~12岁（身高130~150 cm）。

适合面料：各种素色棉布、全棉纱卡、水洗牛仔布。

图 6-4-11　男童休闲短裤款式图

1. 结构制图参考尺寸（表 6-4-4）

表 6-4-4　结构制图参考尺寸　　　　　　　　　　　　　　　　单位：cm

号型	身高	腰围（收松紧带后）	臀围（含放松量 16 cm）	裤长（含腰头 3 cm）	直裆（含腰头 3 cm）	裤口宽
120/50	120	50	54+16=70	33	24	21
130/53	130	53	59+16=75	36	25	22
135/54	135	54	64+16=80	37.5	25.5	23
140/57	140	57	68.5+16=84.5	39	26	24
145/60	145	60	73+16=89	40.5	26.5	25
150/63	150	63	77.5+16=93.5	42	27	26

2. 结构设计

本款以 140/57 的号型为例进行结构设计。

（1）裤身及腰头结构见图 6-4-12。

结构设计及工艺要点：

① 前后臀围采用 H/4，裤身制图时可忽略腰围尺寸，腰头采用罗纹内穿松紧带。

② 前裆宽采用 0.4H/10，后裆宽采用 H/10，后翘 2 cm。

③ 后片落裆 2 cm，前后裤片的内侧缝长度相等。

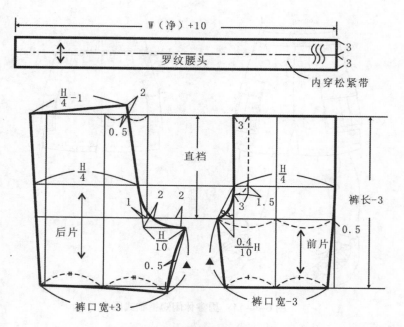

图 6-4-12　裤身及腰头结构设计图

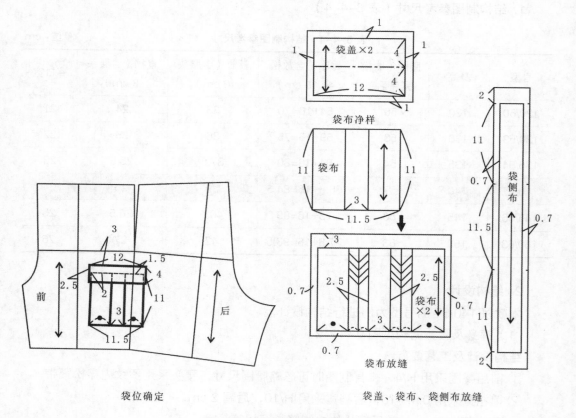

图 6-4-13　口袋结构及放缝图

④ 前裤口宽采用裤口宽尺寸 –3 cm，后裤口宽采用裤口宽尺寸 +3 cm。

⑤ 裤口折边放缝 3 cm，向内折光 1 cm 后，再折 2 cm，车明线固定。

⑥ 前门襟装拉链。

（2）口袋结构及其放缝见图 6-4-13。

结构设计及工艺要点：

① 口袋位置处于裤子的外侧缝处，故需要将前后裤片的外侧缝拼合后进行制图。

② 袋盖与口袋间距 1.5 cm，袋盖宽大于口袋宽 0.5 cm。

③ 口袋布是明褶裥结构，袋布需放出两个 2.5 cm 宽的褶裥量。

④ 袋侧布的缝制位置除了袋布上口，其余三边缝合。

第七章│上衣结构设计与工艺

第一节　新生儿和服式服装结构设计与工艺

扫描二维码看第七章第一节内容

第二节　衬衫结构设计与工艺

本节内容提要：

（1）女童短上衣

（2）女童长袖衬衫

（3）水兵领短袖衬衫

（4）男童长袖衬衫

　　衬衫款式有长袖、短袖之分，可外穿也可内搭；衣身、领子和袖子的变化多样，形成了衬衫的不同造型。通过本节介绍的四款衬衫结构设计，读者可以举一反三加以变化应用。

一、女童短上衣

款式特点：儿童短袖短上衣，衣长至腰线，袖型为泡泡袖，袖口收紧，可配合背心裙或连衣背带短裤穿着，款式有 A、B 两种。A 款为敞开式无扣子，领圈、门襟及下摆滚边工艺，泡泡短袖，袖口用松紧带收紧；B 款的门襟领口处有一粒扣子，可开合，后领圈贴边，前片挂面设计，泡泡短袖，袖口采用袖口布收紧。款式见图 7-2-1。

适合年龄：15 个月 ~6 岁，身高 80~120 cm。

适合面料：各种薄型全棉小花型或素色面料。

1. 结构制图参考尺寸（表 7-2-1）

表 7-2-1 结构制图参考尺寸表   单位：cm

号型	身高	胸围（B）	后中长 （背长+0.7）	袖长（A 款）	袖长（B 款， 袖口布宽 1.5）	上臂围
80/48	80	48+14=62	20+0.7=20.7	袖山高+3	袖山高+3.5	16
90/52	90	52+14=66	23+0.7=23.7	袖山高+3	袖山高+3.5	16.5
100/52	100	52+14=66	25+0.7=25.7	袖山高+3	袖山高+3.5	17
110/56	110	56+14=70	27+0.7=27.7	袖山高+2	袖山高+3.5	17.5
120/60	120	60+14=74	29+0.7=29.7	袖山高+3	袖山高+3.5	18

图 7-2-1　女童短上衣款式图

2. 结构设计

本款以身高为 90 cm 的婴幼儿为例，采用 90/52 的上衣原型进行结构设计，胸围放松量 14 cm，与原型胸围的放松量相同，故衣片的胸围不变动，衣服长度在腰围线下 0.7~1 cm。

（1）A 款——敞开式无扣短上衣结构设计（图 7-2-2）

结构设计要点：

① 腰线、袖窿深线对位：衣片原型的后腰围线向右水平延伸至前衣片，与前衣片腰线的肚凸量的二分之一进行对位。后衣片的袖窿深线向右水平延伸至前衣片，即为前衣片的袖窿深线。

② 袖子：先绘制一片普通袖，由于是泡泡袖，需要在袖山增加抽褶量 5~6 cm，袖山顶端上提 0.6 cm 左右，画顺袖山弧线。袖子的抽褶止点与衣片袖窿的抽褶止点对位。

缝制工艺要点：

① 衣片滚边：采用斜丝布滚边，滚边宽度是 0.7 cm。

② 袖口：袖口折边后车缝 1 cm 宽，内穿 0.8 cm 的松紧带。

③ 绱袖：先把袖子的袖山线按照对位点的长度进行抽褶，抽褶均匀，与衣片袖窿线的对位点对位后缝合。

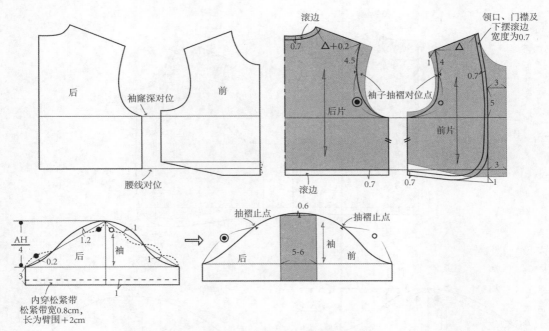

图 7-2-2　A 款短上衣结构设计图

（2）B 款——一粒扣子短上衣结构设计（图 7-2-3）

结构设计要点：

① 腰线、袖窿深线对位：同 A 款。

② 袖子：先绘制一片普通袖，根据该泡泡袖的款式，需展开袖中线，加入 5~6 cm 的泡泡量，使袖山和袖口均形成泡泡状。袖山顶端上提 0.5 cm 左右，画顺袖山弧线；后袖长度增加 1 cm（后袖口中点位置下降 1 cm），抽褶后会形成优美的泡泡状；袖口布长度是上臂围尺寸加 3.5 cm 左右。袖子的抽褶止点与衣片袖窿的抽褶止点对位。

缝制工艺要点：

① 烫黏合衬部位：后领贴边、挂面黏衬。

② 袖口：袖口两抽褶止点间抽褶，左右各 3 cm 处不抽褶。

③ 绱袖：绱袖的方法与 A 款相同。

④ 装袖口布：检查袖口长度与袖口布长度相等后，再把袖口布与袖口缝合。

二、女童长袖衬衫

款式特点：女童长袖衬衫，小圆领、落肩泡泡袖，距袖口 2.5 cm 松紧带收紧，袖口会形成自然的荷叶边状；前后衣片横向育克分割，分割线下部衣片加放松量，采用抽碎褶工艺，使衣摆变大。款式见图 7-2-4。

适合年龄：15 个月 ~6 岁，身高 80~120 cm。

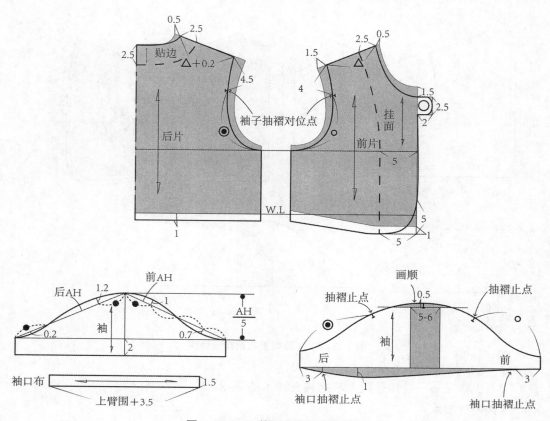

图 7-2-3　B款短上衣结构设计图

图 7-2-4　女童长袖衬衫款式图

适合面料：各种薄型全棉小花型或素色面料。

1. 结构制图参考尺寸（表 7-2-2）

表 7-2-2　结构制图参考尺寸表　　　　　　　　　　　　　　　　单位：cm

号型	身高	后中长	胸围（B，不含褶量）	肩宽（S）	袖长	袖口松紧带长
80/48	80	36	48+14=62	23.8	25	11.5
90/52	90	39	52+14=66	25	28	12
100/54	100	42	54+14=68	26.2	31	12.5
110/56	110	45	56+14=70	27.4	34	13
120/60	120	48	60+14=74	28.6	37	13.5

2. 结构设计

本款以身高为 90 cm 的女童为例，采用 90/52 的上衣原型进行结构设计（图 7-2-5）。

3. 结构设计要点

（1）胸围放松量 14 cm（不含胸围碎褶量），与原型胸围的放松量相同，故前后衣片在侧缝处的胸围不变动；后袖窿开深 1 cm，前袖窿开深 1.2 cm，使腰围线至袖窿线之间的侧缝前后形成差量○。

（2）前肩比后肩少 0.3 cm，延长前后衣片肩点 4 cm，形成落肩量，落肩线需在延长线上下降 0.5 cm。

（3）前后衣片育克分割线，在袖窿处分别去除 0.5 cm 和 0.3 cm，使袖子装上后此处的衣片更平整。

（4）后衣片分割线下的碎褶量在后中加放 2.5 cm；前衣片分割线下的碎褶量通过两种途径得到，一是闭合前后衣片侧缝线的差量○，使之转移到衣片育克分割线上形成一部分褶量，二是再通过垂直剪开线将衣片平行放出 2.5 cm，见图 7-2-6。

（5）下摆处前衣片比后衣片长出 0.5 cm，防止前衣片下摆起吊。

4. 缝制工艺要点

（1）领面和挂面烫黏合衬。

（2）前后衣片分别按对位记号长针距车缝后抽碎褶，抽褶后的长度与所对应的育克分割线的对位点之间的距离相等；袖山线同理，按袖山线上的对位记号长针距车缝后抽碎褶，抽褶后的长度与所对应的前后衣片袖窿对位点之间的距离相等。

（3）下摆和袖口三折边处理，下摆放缝 1.5 cm，袖口放缝 1.2 cm。

（4）袖口三折边车缝后，在距袖口 2.5 cm 处，反面车缝一条 0.6 cm 宽的松紧带；然后连续车缝衣片侧缝和袖底缝，袖口会形成自然的荷叶边。

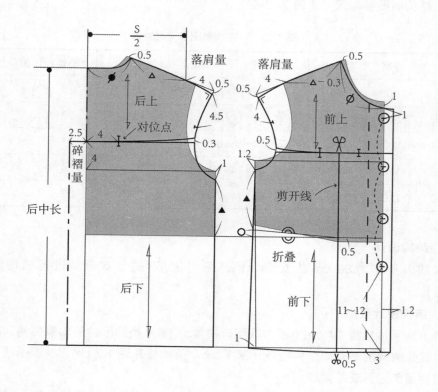

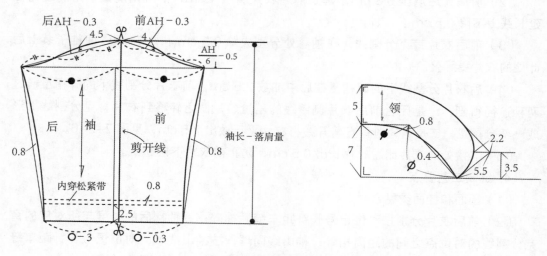

图 7-2-5　女童长袖衬衫结构设计图

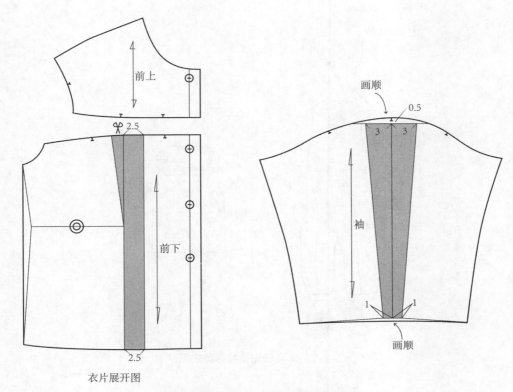

前上

2.5

前下

2.5

衣片展开图

画顺

0.5

3 3

袖

1 1

画顺

图 7-2-6　前衣片、袖片碎褶量的加放

三、水兵领短袖衬衫

款式特点：此款短袖衬衫适合男女儿童穿着，属于经典童装，在领子、袖口和袋口压撞色装饰镶边条。款式见图 7-2-7。

适合年龄：2~6 岁（身高 90~120 cm）。

适合面料：薄型白色面料。

1. 结构制图参考尺寸（表 7-2-3）

表 7-2-3　结构制图参考尺寸表　　　　　　　　　　　　　　　　单位：cm

号型	身高	后中长	胸围（B，不含褶量）	肩宽（S）	袖长
90/50	90	36	50+14=64	26	9
100/54	100	39	54+14=68	27.5	10
110/56	110	42	56+14=70	29	11

7-2-7 水兵领短袖衬衫款式图

2. 结构设计

本款以身高为 90 cm 的儿童为例，采用 90/50 的上衣原型进行结构设计。衣片和袖子结构设计见图 7-2-8（A），领子和挂面结构设计见图 7-2-8（B）。

3. 结构设计要点

（1）胸围放松量 14 cm，与原型胸围的放松量相同，故前后衣片在侧缝处的胸围不变动。后袖隆开深 0.5 cm 后画一条水平线延长至前片，与原型衣片的侧缝相交，此交点就是前袖隆开深点，此时腰围线至袖隆线之间的侧缝前后相等。

（2）前后衣片的横开领开大 0.5 cm，前直领开深 4 cm，重新绘制前后领圈。

（3）前肩比后肩少 0.3 cm。

（4）下摆处前衣片比后衣片长出 1 cm，以儿童肚子前挺的特点，又防止前衣片下摆起吊。

（5）领子制图采用低领座领子的制图方法，将前后衣片的肩线在肩点重叠 1.5 cm，在后领中点和侧颈点各上提 0.5 cm，在前领口处下降 0.5 cm，重新绘制领口线。

4. 缝制工艺要点

（1）领面和挂面烫黏合衬。

（2）在领子、袖口和袋口车缝撞色装饰镶边条后，再缝制领子，缝制、扣烫口袋，绱袖子。撞色装饰条既可以是织带，也可以是直丝裁剪后再扣烫成 0.6 cm 宽的镶边条。

（3）下摆和袖口三折边处理，下摆放缝 1.5 cm，袖口放缝 3 cm。

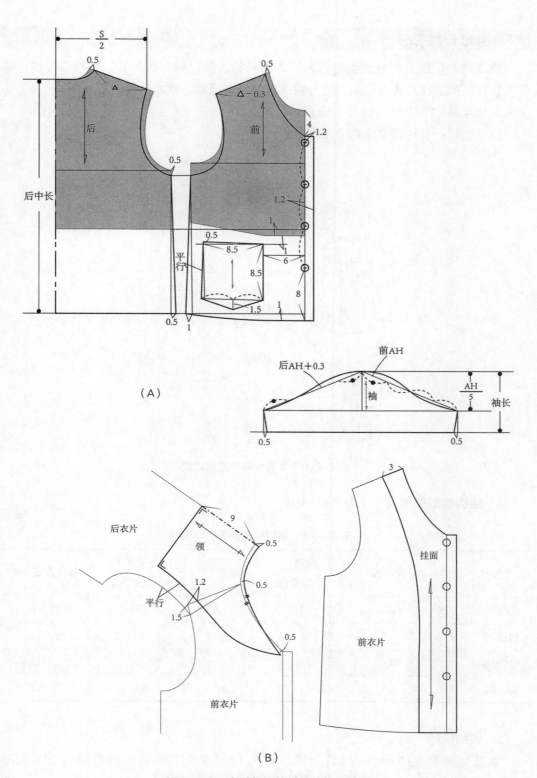

图 7-2-8　水兵领短袖衬衫结构设计图

四、男童长袖衬衫

款式特点：经典男式长袖衬衫，男式衬衫领、翻门襟、衬衫袖，后袖口开衩，袖克夫收口，前后衣片育克分割，后分割线衣片加背褶量。款式见图7-2-9。

适合年龄：15个月~14岁，身高80~150 cm。

适合面料：各种薄型全棉小花型或素色面料。

图 7-2-9　男童长袖衬衫款式图

1. 结构制图参考尺寸（表7-2-4）

表 7-2-4　结构制图参考尺寸表　　　　　　　　　单位：cm

号型	身高	后中长	胸围 （B，不含背褶量）	肩宽（S）	袖长 （含袖克夫宽）	袖克夫长/宽
100/54	100	42	54+14=68	27.6	34	18/3.5
110/56	110	45	56+14=70	28.8	36.5	19/3.5
120/60	120	48	60+14=74	30	39	20/3.5
130/64	130	51	64+14=78	31.2	41.5	21/3.5

2. 结构设计

本款以身高120 cm的男童为例，采用120/60的上衣原型进行结构设计（图7-2-10）。

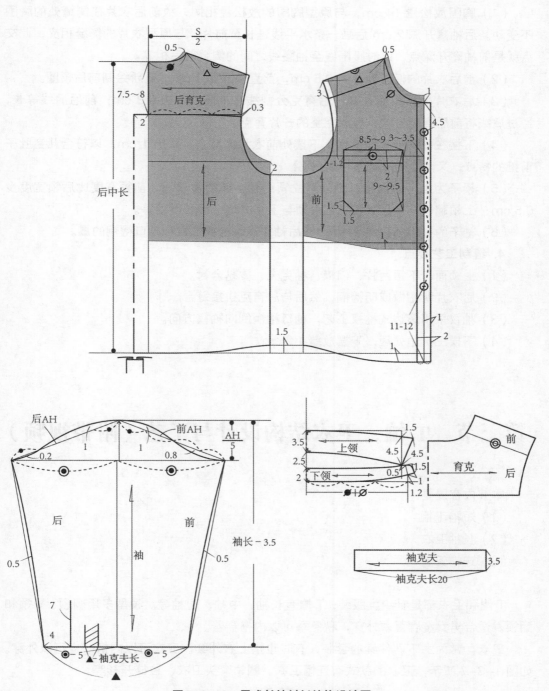

图 7-2-10　男式长袖衬衫结构设计图

3. 结构设计要点

（1）胸围放松量 14 cm，与原型胸围的放松量相同，故前后衣片在侧缝处的胸围不变动。后袖窿开深 2 cm 后画一条水平线延长至前片，与原型衣片的侧缝相交，此交点就是前袖窿开深点，此时腰围线至袖窿线之间的侧缝前后相等。

（2）前后衣片的横开领开大 0.5 cm，前直领开深 1 cm，重新绘制前后领圈。

（3）后衣片横线育克分割，后育克分割线在袖窿处收去 0.3 cm；前后肩线等长，通过肩线将前后育克拼合，形成完整的一片育克。

（4）下摆在侧缝处呈浅弧状，下摆处前衣片比后衣片长出 1 cm，以符合儿童肚子前挺的特点，又防止前衣片下摆起吊。

（5）领子为上下领结构，下领呈立领结构，前领角起翘，前领宽度比后领宽度少 0.5 cm；上领翻领结构呈下弧状；上领与下领的缝合线长度相等。

（6）袖子的袖山高采用 AH/5，在后袖片确定袖衩位置和袖口褶裥的量。

4. 缝制工艺要点

（1）上领面、下领两片、门襟、袖克夫、烫黏合衬。

（2）后衣片背褶做成明褶裥，然后与后育克拼接缝合。

（3）袖衩采用滚边式袖衩工艺，袖口褶裥倒向袖衩方向。

（4）下摆三折边处理，下摆放缝 1.2 cm。

第三节　T 恤、卫衣结构设计与工艺（附带视频）

本节内容提要：
（1）短袖 T 恤
（2）长袖卫衣
（3）连帽卫衣

T 恤和卫衣都是针织类服装，T 恤有长袖、中袖、短袖等。领型多用圆领、V 领和翻领。适合男女童春夏季外穿，秋冬季可以内搭穿着。

卫衣，常为上下两件套的套装，有时也指上衣外套。卫衣可以内搭，也可以外穿。如图 1-3-7 所示，卫衣的款式有连帽卫衣、圆领套头卫衣、拉链开衫等。

一、短袖 T 恤

款式特点：此款短袖 T 恤上衣直身中性，套头式圆领造型，款式经典百搭，日常的内搭或外穿都行，男女童都可以穿。款式见图 7-3-1。

适合年龄：1~16 岁。

适合面料：选用针织面料，如全棉平纹汗布，罗纹布，抽条、提花组织的面料等。

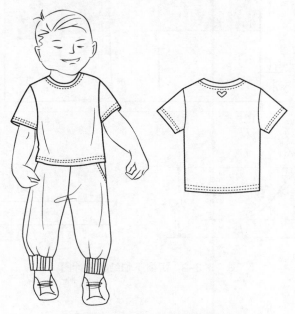

图 7-3-1　短袖 T 恤款式图

1. 结构制图参考尺寸（表7-3-1）

表7-3-1　结构制图参考尺寸表
单位：cm

身高	后衣长	胸围（B）	下摆围	头围	袖长
110	36	56+8=64	66	53	11
120	39	60+8=68	70	54	12
130	42	64+8=72	74	54	13

2. 结构设计（图7-3-2，视频7-3-1）

视频7-3-1

本款以身高为120 cm的儿童为例，使用120/60的原型进行结构制图。

短袖圆领T恤结构制图视频以120 cm的幼儿为例，具体结构设计见视频7-3-1。

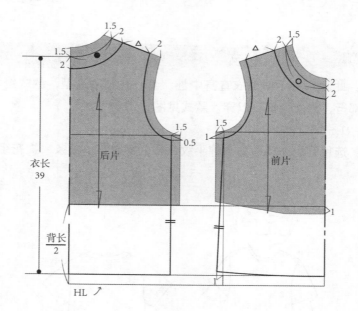

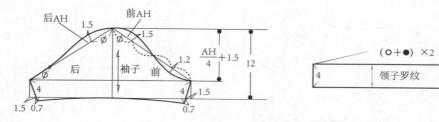

图　7-3-2　短袖T恤结构设计图

结构设计要点：

（1）后衣片：如图7-3-2，拷贝120/60的后衣片原型，分别确定罗纹和衣片的后领圈大小，因为是套头式，所以要根据头围尺寸（54 cm）和面料的弹性来设计领圈的大小，以中等弹性面料为例，这款衣片的领围设定为48 cm，确定后衣片长度时，可以根据设计需要，到臀围线（HL）以上；根据针织面料的弹性，确定胸围、肩宽、侧缝，画顺后领圈和后袖窿弧线。

（2）前衣片：延长后腰线，拷贝前衣片原型时下落1 cm，参考后片的画法，确定胸围、肩宽和侧缝，画顺前领圈、前袖窿弧线。核对确认前后肩线、侧缝的长度，袖窿、下摆的造型。

（3）袖子：量取前后衣片的袖窿弧线（AH）长度，确定袖山高、袖长，按原型袖的画法画出袖子，袖口略收，袖口线起翘画顺。核对袖缝长度、袖山吃势等。

（4）领子罗纹：量取前后衣片的罗纹领圈弧线长，作为罗纹的长度。当使用罗纹或汗布面料制作时，便要考虑罗纹为双层，要加上宽度；当选用机织罗纹时，就单层即可。

3. 放缝要点（图7-3-3）

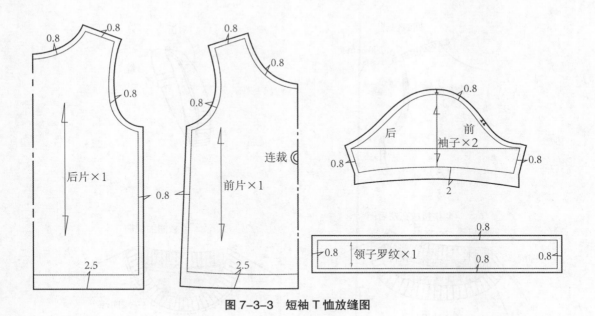

图7-3-3 短袖T恤放缝图

（1）如图7-3-3，衣片的前中、后中不加缝份，领圈、肩线、侧缝、袖窿弧线、袖山弧线放缝0.8 cm，衣片下摆放缝2.5 cm和袖口线放缝2 cm。

（2）领子罗纹的四周放缝0.8 cm。

4. 缝制工艺步骤

缝合肩缝—缝合领圈罗纹—绱领圈罗纹—绱袖—缝合侧缝、袖缝—绷缝袖口—绷缝衣片底摆—整烫。

5. 缝制工艺要点

（1）肩缝工艺见图 7-3-4。

如图 7-3-4（A），用四线包缝机缝合肩缝时，在后肩缝份处放 0.5 cm 宽的直丝牵条或胶带牵条。

（2）领圈工艺见图 7-3-4。

① 缝合领圈罗纹。见图 7-3-4（B），对折熨烫罗纹宽度，用平缝机 0.8 cm 平缝拼接后分烫。

② 绱领圈罗纹。见图 7-3-4（C），将罗纹的拼接放在左肩的后侧约 2 cm 左右处，用四线包缝机缝合衣片与领圈罗纹，均匀拉开罗纹缝合，要求罗纹的宽度、松度一致。

③ 后领圈加织带。见图 7-3-4（D），在后领圈处选用 0.8 cm 的棉质织带，先用平缝机车 0.1 cm 固定织带与领圈缝份，再压明线固定衣片与另一侧织带。

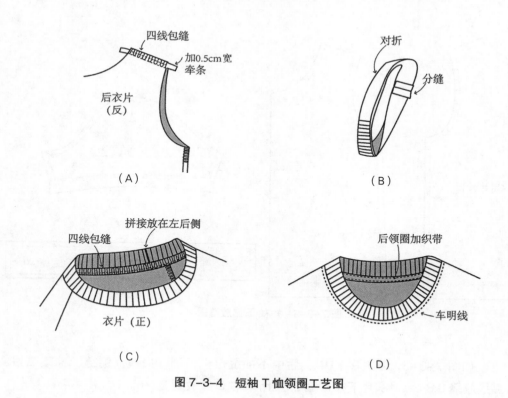

图 7-3-4　短袖 T 恤领圈工艺图

二、长袖卫衣

款式特点：此款长袖卫衣较宽松，套头式圆领造型，有一个胸贴袋，左肩开口，用四合扣开合，衣片和袖子下摆加罗纹，款式舒适实用，男女童都可穿。款式见图7-3-5。

适合年龄：1~6岁。

适合面料：选用针织面料，如全棉平纹汗布、罗纹布、毛圈布等。

图 7-3-5　长袖卫衣款式图

1. 结构制图参考尺寸（表 7-3-2）

表 7-3-2　结构制图参考尺寸表　　　　　　　　　　　　　　　单位：cm

身高	后衣长	胸围（B）	下摆	头围	袖长
110	40	56+10=66	60	53	36
120	43	60+10=70	64	54	38
130	46	64+10=74	68	54	40

2. 结构设计（图 7-3-6）

本款以身高为 120 cm 的儿童为例，使用 120/60 的原型进行结构设计。

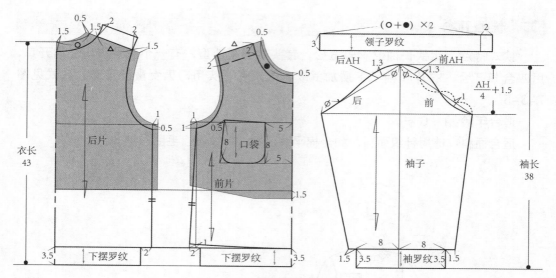

图 7-3-6　长袖卫衣结构设计图

视频 7-3-2

长袖卫衣结构设计，见视频 7-3-2。

结构设计要点：

（1）后衣片：拷贝 120/60 的后片原型，如图 7-3-6 分别确定罗纹和衣片的后领圈大小，要根据头围（54 cm）、肩部开口尺寸和面料的弹性来设计领圈的大小；确定后衣片长度，留出下摆罗纹宽度；根据款式特点和针织面料的弹性，确定胸围、肩宽、侧缝，画顺后领圈和后袖窿弧线，后肩要加出里襟。

（2）前衣片：延长后腰线，拷贝前衣片原型时下落 1.5 cm，参考后片的画法，如图 7-3-6 确定胸围、肩宽和侧缝，画顺前领圈、前袖窿弧线。核对确认前后肩线、侧缝的长度，袖窿、下摆的造型，如图 7-3-6 画出前胸袋的造型。

（3）袖子：量取前后衣片的袖窿弧线（AH）长度，确定袖山高、袖长，留出袖子罗纹宽度，按原型袖的画法画出袖山弧线。核对前后袖底缝长度、袖山吃势等。

（4）罗纹：领子罗纹量取前后衣片的罗纹领圈弧线长，另加上叠门 2 cm 作为罗纹的长度。

下摆罗纹长度可以根据罗纹面料的弹性来设定，为衣片下摆的围度减去 8 cm，袖子罗纹长度为袖口的长度减去 3 cm。

3. 放缝要点

如图 7-3-7，衣片的前中、后中不加缝份，领圈、肩线、侧缝、袖山弧线、袖缝、衣片下摆、袖口线、里襟、门襟、罗纹四周都放缝 0.8 cm，口袋上口放缝 2 cm。

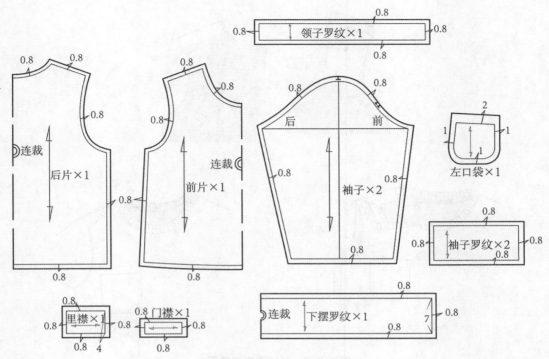

图 7-3-7　长袖卫衣放缝图

4. 缝制工艺步骤

缝制胸贴袋—绱左肩门里襟—缝合肩缝—绱领圈罗纹—绱袖—缝合侧缝、袖缝—绱袖罗纹—绱底摆罗纹—锁钉、整烫。

5. 缝制工艺要点

（1）开口工艺

① 如图 7-3-8（A），门襟一侧四线包缝，另一侧用四线包缝机缝合左前片的肩线。

② 里襟对折后用四线包缝机缝合左后片的肩线。

（2）领圈工艺

①方法一，如图 7-3-8（B），用双针三线绷缝机均匀固定领圈罗纹与领圈，罗纹两端折进 0.8 cm，用平缝机车 0.5 cm 固定。

②方法二，领圈罗纹两端先用平缝机做光，再用四线包缝机缝合领圈罗纹与领圈，然后在衣片正面压 0.5 cm 明线固定领圈。

（3）锁钉

如图 7-3-8（C），分别在左肩的开口门襟和里襟处安装四合扣。

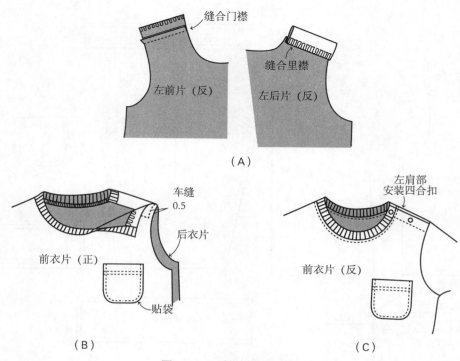

缝合门襟

左前片（反）

缝合里襟

左后片（反）

（A）

车缝
0.5

后衣片

前衣片（正）

贴袋

（B）

左肩部
安装四合扣

前衣片（反）

（C）

图 7-3-8　长袖卫衣工艺图

三、连帽卫衣

　　款式特点：此款连帽卫衣是前短后长的宽松款连帽拉链开衫，前片有两个斜插贴袋，帽中和后片中线夹装饰三角片，抽象体现恐龙或小怪兽的形象，帽边加绳子和调节扣可以收放。前衣片下摆和袖口加罗纹，款式舒适实用，比较适合男童穿。款式见图 7-3-9。

　　适合年龄：2～6 岁。

　　适合面料：选用针织面料，如全棉毛圈布、罗纹布、棉毛布等。

1. 结构制图参考尺寸（表 7-3-3）

表 7-3-3　结构制图参考尺寸表　　　　　　　　　　　　　　　单位：cm

身高	后衣长	胸围（B）	下摆围	头围（HS）	袖长	袖口围
100	40	54+14=68	70	53	32	16
110	43	56+14=70	72	53	34	16
120	46	60+14=74	76	54	37	17

图 7-3-9　连帽卫衣款式图

2. 结构设计（图 7-3-10）

本款以身高为 110 cm 的幼儿为例，进行结构制图。

连帽卫衣结构设计以 110 cm 的幼儿为例，见视频 7-3-3。

结构设计要点：

（1）后衣片：如图 7-3-10，拷贝 120/60 的后片原型，确定后领圈、小肩宽，根据款式设计确定后中长，在臀围线（腰线往下量取背长 /2）下 3 cm 左右；确定胸围、侧缝，画顺后领圈和后袖窿弧线。标出后中装饰三角的位置和造型。

（2）前衣片：延长后腰线，拷贝前衣片原型时下落 1 cm，确定前领圈、胸围、肩宽，前中的长度在臀围线往上 2 cm，确定前下摆罗纹位置，画前侧缝，画顺前领圈、前袖窿弧线；核对确认前后肩线、侧缝的长度，袖窿、下摆的型，画出前贴袋的位置，按袋口尺寸确定口袋罗纹。

（3）帽子：延长前片中线，根据头围尺寸确定帽高、帽宽和帽子弧线；标出帽中装饰三角的位置和造型。核对前后领圈和帽子的绱领弧线长度。

视频 7-3-3

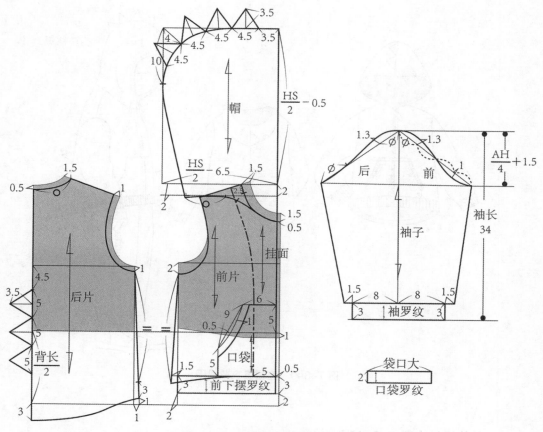

图 7-3-10　连帽卫衣结构设计图

（4）袖子：量取前后衣片的袖窿弧线（AH）长度，确定袖山高、袖长，留出袖子罗纹宽度，按原型袖的画法画出袖山弧线。核对袖子长度、袖山吃势等。

3. 放缝要点（图 7-3-11）

如图 7-3-11，前后衣片各部位加相应的缝份，挂面加黏衬。

4. 缝制工艺步骤

缝制三角装饰片—缝合后衣片中缝—缝制前贴袋—绱前衣片下摆罗纹—缝制门襟—做帽子—绱帽子—绱袖—缝合侧缝、袖底缝—绱袖罗纹—绷缝后衣片底摆—锁钉、整烫。

5. 缝制工艺要点

（1）贴袋工艺见图 7-3-12（A）。

用四线包缝机绱袋罗纹，罗纹宽均匀，约 1 cm，扣烫口袋上口和侧面缝份，用平缝机车 0.5 cm 固定在前片袋位。

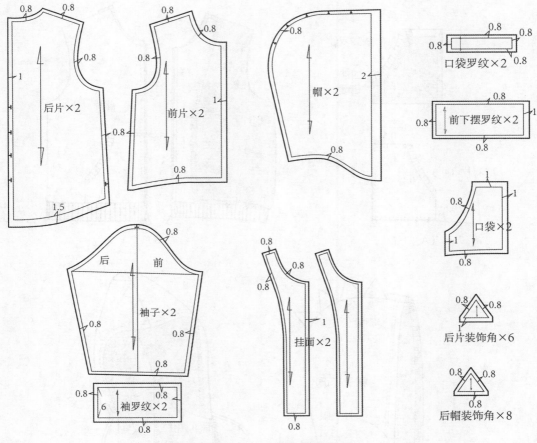

图 7-3-11　连帽卫衣放缝图

（2）门襟工艺见图 7-3-12（B）。

① 用平缝机固定前片和单层下摆罗纹，换细压脚绱门襟拉链，要求对准左右衣片的上口、袋位和下口，要求拉链部位平顺，对位准确。

② 挂面外侧包缝，用平缝机缝合挂面下摆与另一层下摆罗纹，再缝合绱挂面与衣片的前中线。

③ 用四线包缝机缝合余下的罗纹与前衣片底摆，要求罗纹宽度一致。

（3）帽子工艺见图 7-3-12（C）、（D）。

① 做帽：如图 7-3-12（C），先用平缝机在帽后中按刀眼位车 4 个或一组装饰三角片，再用四线包缝机缝合帽子后中缝。在帽边两侧打气眼或锁圆扣眼，穿入绳子和调节扣，然后用双针三线绷缝机绷缝帽边。

② 绱帽：如图 7-3-12（D），用四线包缝机缝合帽子与衣片及挂面领圈，注意对准后中、侧颈点、前中点等标记点，然后用平缝机在后领圈加车领圈滚边。

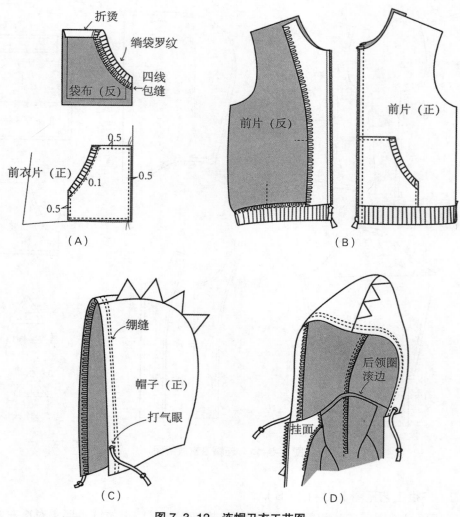

图 7-3-12　连帽卫衣工艺图

第四节　夹克衫结构设计与工艺

本节内容提要：

（1）牛仔夹克

（2）插肩袖连帽夹克衫

（3）罗纹领夹克衫

　　夹克衫属于外套类，童装款式结构造型设计以休闲宽松为主，领型常用翻领、罗纹领等设计，也常用连帽设计，袖口、脚口、底摆多采用收紧式设计以防风保暖，本节选择经典耐穿的牛仔夹克、宽松舒适的插肩袖连帽夹克和简洁大方的罗纹领夹克，具体结构设计和工艺要点见本节实例。

一、牛仔夹克

　　款式特点：此款牛仔夹克是一款中性的短款休闲夹克上衣，不夹里，左右前片各有2个口袋，加袋盖的尖角贴袋和斜插袋；小翻领，袖子为两片袖，袖口和衣片下摆有克夫，穿着时尚又经典，是一款儿童的必备外套。款式见图7-4-1。

　　适合年龄：3~16岁。

　　适合面料：中等厚度的棉质面料，如牛仔布、细条灯芯绒、斜纹纱卡、细帆布等。

1. 结构制图参考尺寸（表7-4-1）

表7-4-1　结构制图参考尺寸表　　　　　　　　　　　　　　　　单位：cm

身高	后衣长	胸围（B）	下摆围	肩宽	袖长	袖口围
110	38	56+14=70	68	28	36	20
120	40	60+14=74	72	29	39	20
130	42	64+14=78	74	30	42	21

图 7-4-1　牛仔夹克款式图

2. 结构设计（图 7-4-2）

本款以身高 120 cm 的儿童为例进行结构设计。

结构设计要点：

（1）后衣片：拷贝 120/60 的后片原型，如图 7-4-2 确定后领圈、后中衣长，留出下摆克夫宽度；按款式宽松度确定胸围、肩宽和侧缝；根据款式分割线设计，画出肩育克、后中片、后侧片，注意肩育克有部分量在前肩，画顺后领圈和后袖窿弧线。

（2）前衣片：延长后腰线，拷贝前衣片原型时下落 1 cm，如图 7-4-2 确定前领圈，前中加出门襟叠门量，留出前下摆克夫宽度，确定胸围、肩宽、侧缝，确定前育克的分割线，画顺前领圈、前袖窿、前下摆弧线。核对确认前后肩线、侧缝的长度，袖窿、下摆的造型。

（3）领子：量取前后领圈的长度，如图 7-4-2 画出领型。

（4）袖子：量取前后衣片的袖窿弧线（AH）长度，确定袖山高、袖长，留出袖子克夫宽度，按原型袖的画法画出袖山弧线，袖子克夫要加出叠门量。核对大、小袖的内外袖缝长度等。

（5）口袋

① 如前衣片的图，画出胸贴袋的袋盖和袋布位置和造型；画出斜插袋。

② 如图在斜插袋位的基础上，画出斜插袋布 A 和袋布 B。

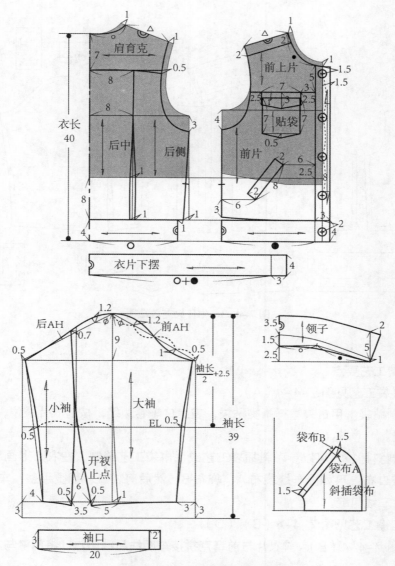

图 7-4-2　牛仔夹克结构设计图

3. 放缝要点

如图 7-4-3，后中片、后侧片、肩育克、前上片、前衣片、大袖、小袖、贴袋、斜插袋、领子、门襟、衣片克夫、袖克夫等各部位加相应的缝份。

黏衬部位是门襟、领面、贴袋袋盖面、斜插袋袋口布、袖克夫。

4. 缝制工艺步骤

缝合后中片与后侧片—缝合肩育克与后片—缝制贴袋—缝制斜插袋—缝合前上片与前衣片—绱门襟—缝合肩育克与前上片—做领—绱领—缝合外袖缝—做袖衩—绱袖—缝合侧缝、内袖缝—绱袖克夫—绱衣片下摆克夫—锁眼、钉扣。

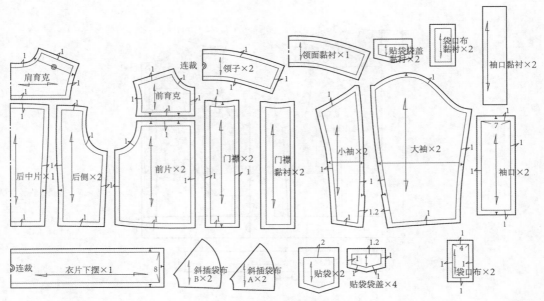

图 7-4-3　牛仔夹克放缝图

5. 缝制工艺要点

（1）口袋工艺见图 7-4-4（A）。

① 缝制贴袋：用口袋净样折烫贴袋，袋上口车卷边缝，按前衣片袋位，0.5 cm 车缝固定贴袋。

② 缝制斜插袋：可以参考斜插袋工艺或手巾袋工艺缝制。在衣片上画出袋位，先缝制插袋袋口布，再如图车缝袋布 A、袋布 B，然后剪袋口、翻烫平整，车口袋明线，缝合袋布后三线包缝。

（2）门襟工艺见图 7-4-4（B）、（D）。

① 如图 7-4-4（B），前衣片与前育克拼接车明线后绱门襟，将门襟与衣片正面相对车缝。

② 如图 7-4-4（D），等绱领后，在门襟上车 0.2 cm 明线。

（3）领子工艺见图 7-4-4（C）、（D）。

① 做领：如图 7-4-4（C），先在领面上距领净线 1 cm 处打刀眼，折烫绱领缝份，再缝合领里和领面，领角处做出里外匀，修剪缝份后翻烫平顺，然后车领子明线。

② 绱领：如图 7-4-4（D），对准绱领前中点、侧颈点、后中点，0.9 cm 缝合领里与衣片领圈，再翻折门襟上口车缝 1 cm 后翻转；在领面剪口位置将缝份剪口，把余下绱领缝份塞入领子，然后 0.1 cm 扣压领面缝份，完成绱领。注意领子要左右对称，窝势自然。

（4）袖子工艺见图 7-4-4（E）、（F）。

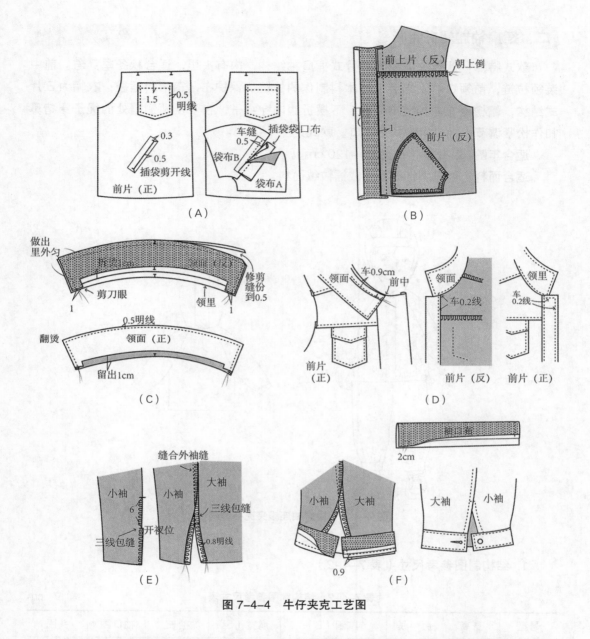

图 7-4-4　牛仔夹克工艺图

① 缝合外袖缝：如图 7-4-4（E），小袖片的局部缝份先包缝，再缝合大、小袖的外袖缝到开衩止点，缝合外袖缝后三线包缝，注意袖开衩以上约 7 cm 左右开始分缝，单独包缝大袖片，注意衔接平顺。

② 做袖衩：开口部分折烫好，正面压 0.8 明线，注意开口止点的转折部分要回针或打套结。

③ 绱袖克夫：如图 7-4-4（F），袖克夫叠门放在小袖这边，先缝合袖克夫里与袖片，再翻烫袖克夫，正面车 0.1 cm 明线固定袖克夫面；最后车 0.2 cm 袖口明线。

二、插肩袖连帽夹克衫

款式特点：此款夹克衫为一片式插肩袖结构，内有夹里，适合秋冬季穿着。前中装领拉链，前领口右上端装上用本料制作的拉链头保护布，箱形斜插袋；衣帽为三片式结构，帽檐处左右加装饰帽耳；下摆折边内穿绳子，在下摆两侧缝处的绳子穿猪鼻扣作松紧调节；袖口用松紧带收口。款式见图 7-4-5。

适合年龄：2~6 岁（身高 90~120 cm）。

适合面料：中厚型针织面料或摇粒绒面料。

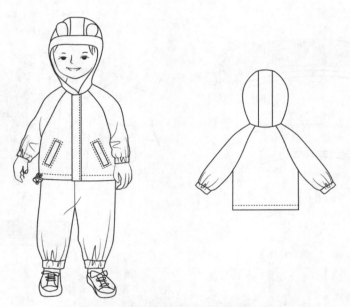

图 7-4-5　插肩袖连帽夹克衫款式图

1. 结构制图参考尺寸（表 7-4-2）

表 7-4-2　结构制图参考尺寸表　　　　　　　　　　　　　单位：cm

号型	身高	后中长	胸围（B）	肩宽（S）	袖长	袖口围	头围
90/52	90	38	52+14+12=78	27	30	24	49
100/54	100	41	54+14+12=80	28.2	33	25	50
110/56	110	44	56+14+12=82	29.4	36	26	51
120/60	120	47	60+14+12=86	30.6	39	27	51

2. 结构设计

本款以身高为 90 cm 为例，采用 90/52 的上衣原型进行结构设计。

（1）衣袖结构设计见图 7-4-6。

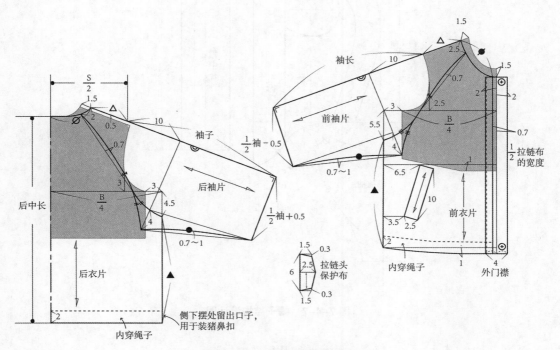

图 7-4-6　衣袖结构设计图

（2）帽子结构设计见图 7-4-7。

（3）前后袖拼合、挂面后领贴边结构设计见图 7-4-8。

3. 结构设计要点

（1）衣片原型胸围的放松量是 14 cm，此款夹克衫的胸围尺寸是 52（人体净胸围）+14（原型放松量）+12（再增加的放松量）=78 cm，故在原型的基础上，胸围需要再增加 12 cm 的松量，前后半身衣片各增加 3 cm。后衣片的袖窿下降 4.5 cm，前衣片的袖窿下降 5.5 cm。

（2）前衣片的门襟装拉链，前中线要减去 1/2 拉链布的宽度约 0.7 cm。

（3）考虑到内衣后背的厚度，后肩线上提 0.5 cm；前后横开领加大 1.5 cm，前直开领加深 1.5 cm。

（4）一片式插肩袖，前后袖中线从肩线直接延伸，通过拼合袖中线形成一片插肩袖。

（5）插肩袖的结构制图步骤，参照"第五章第二节"相同款式。

（6）下摆处前衣片比后衣片长出 1 cm，以防止前衣片下摆起吊。

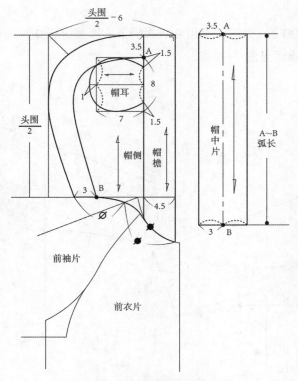

图 7-4-7　帽子结构设计图

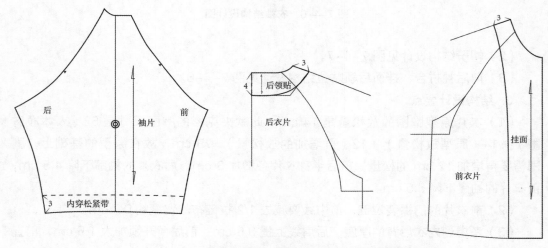

图 7-4-8　前后袖拼合、挂面后领贴边结构设计图

4. 缝制工艺要点

（1）外门襟、袋口布、挂面、装饰帽耳烫黏合衬。

（2）前衣片拉链上端装上拉链头保护布。

（3）侧缝处、下摆折边处，内外各留 1 cm 不缝合，便于下摆安装收缩绳子的猪鼻扣。

（4）袖口的袖底缝处，在折边内侧留出 2 cm 不缝合，便于穿松紧带。

三、罗纹领夹克衫

款式特点：此款夹克衫整体造型简洁，款式大方实用，是夹克衫的经典款式。领口、袖口、下摆分别装罗纹，门襟采用四件扣开合，箱形斜插袋。在工艺上既可以单层制作，用于春秋季穿着；也可选择有夹里设计，适合秋冬季穿着。款式见图 7-4-9。

适合年龄：2~6 岁（身高 90~120 cm）。

适合面料：针织卫衣面料、梭织全棉中厚型面料。

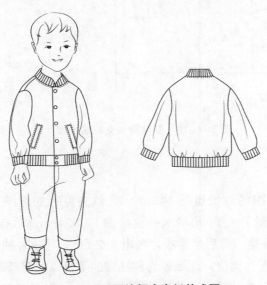

图 7-4-9　罗纹领夹克衫款式图

1. 结构制图参考尺寸（表 7-4-3）

表 7-4-3　结构制图参考尺寸表　　　　　　　　　　　　单位：cm

号型	身高	后中长	胸围（B）	肩宽（S）	袖长	袖口围	袖口罗纹长/宽	下摆罗纹长/宽
90/52	90	38	52+14+8=74	27.4	30	24	14/3	58/4
100/54	100	41	54+14+8=76	28.6	33	25	15/3	60/4
110/56	110	44	56+14+8=78	29.8	36	26	16/3	62/4
120/60	120	47	60+14+8=82	31	39	27	17/3	66/4

2. 结构设计

本款以身高 120 cm 为例，采用 120/60 的上衣原型进行结构设计（图 7-4-10）。

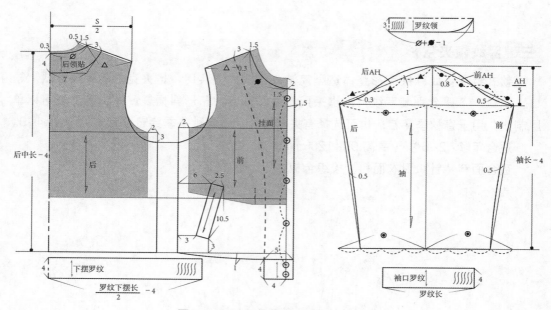

图 7-4-10 罗纹领夹克衫结构设计图

3. 结构设计要点

（1）衣片原型胸围的放松量是 14 cm，此款夹克衫的胸围尺寸是 60（人体净胸围）+14（原型放松量）+8（再增加的放松量）=82 cm，故在原型的基础上，胸围需要再增加 8 cm 的松量，前后半身衣片各增加 2 cm。后衣片的袖窿下降 3 cm，袖窿下降点水平延长至前衣片侧缝，此点即为前袖窿的下降点，重新画出前后袖窿弧线。

（2）考虑到内衣后背的厚度，后肩线上提 0.5 cm；前后横开领加大 1.5 cm，前直开领加深 2 cm。

（3）考虑到罗纹的弹性，罗纹领子的 1/2 领底线长度需要比 1/2 前后领圈的长度少 1 cm。

（4）袖子的袖山高采用低袖山公式"AH/5"。

（5）下摆处前衣片比后衣片长出 1 cm，以防止前衣片下摆起吊。

（6）挂面和后领贴边，在肩部的宽度要相等，本款采用 3 cm。

4. 缝制工艺要点

（1）挂面、后领贴边、袋口布、前中下摆烫黏合衬。

（2）罗纹领的上口线对折后，与衣片领圈缝合。

第五节　马甲结构设计与工艺

本节内容提要:

(1) V型领西装马甲

(2) 休闲马甲

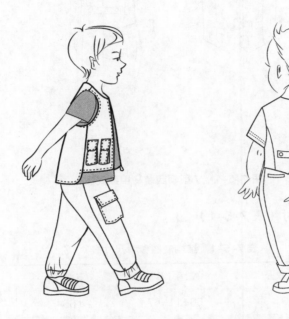

本节介绍两款马甲,一款是三开身结构的经典V型领西装马甲,另一款是休闲宽松款的实用多口袋马甲,可搭配T恤、衬衫、毛衣、打底衫等。

一、V型领西装马甲

款式特点:此款马甲为男童款,V型领,三开身结构,略收腰造型,单排3粒扣,前后片都有尖角设计,3个挖袋,后腰有襻,夹里布;可以搭配衬衫、西裤成正装款马甲,也可以搭配T恤,穿着比较休闲舒适。款式见图7-5-1。

适合年龄:2~16岁。

适合面料:面料选用中等厚度的棉布、毛料、麻布、混纺面料等;里料选用薄的棉布、棉麻混纺织物、黏胶纤维织物、棉涤混纺织物等;黏合衬选用薄的无纺衬或有纺衬。

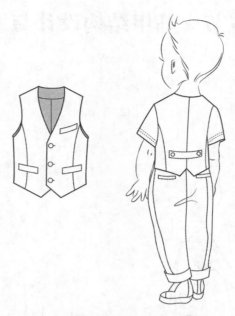

图 7-5-1 V 型领西装马甲款式图

1. 结构制图参考尺寸（表 7-5-1）

表 7-5-1 结构制图参考尺寸表

单位：cm

身高	后衣长	胸围（B）	下摆围	肩宽
110	31	56+11=67	65	26
120	33	60+11=71	69	27
130	35	64+11=75	73	28

2. 结构设计（图 7-5-2）

本款以身高为 120 cm 的儿童为例进行结构设计。

结构设计要点：

（1）后衣片：如图 7-5-2，拷贝 120/60 的后片原型，腰线下 8 cm 作底摆辅助线，确定后中衣长，按款式宽松度确定胸围、肩宽、后片分割线位置，在后片、侧片分割线收腰，画顺后片、侧片的弧线和后下摆折线；注意后侧片要与前侧片连成一个侧片。画顺后领圈和后袖窿弧线。在后中片腰部画出腰襻。

（2）前衣片：如图 7-5-2，延长后腰线，拷贝前衣片原型时下落 1 cm，前中加出门襟叠门量 1.5 cm，确定前领圈、胸围、肩宽及前片与侧片的分割线，画出前下摆造型，画顺前领圈、前袖窿、前下摆弧线，确定扣位。核对确认前后肩线、侧缝的长度一致。

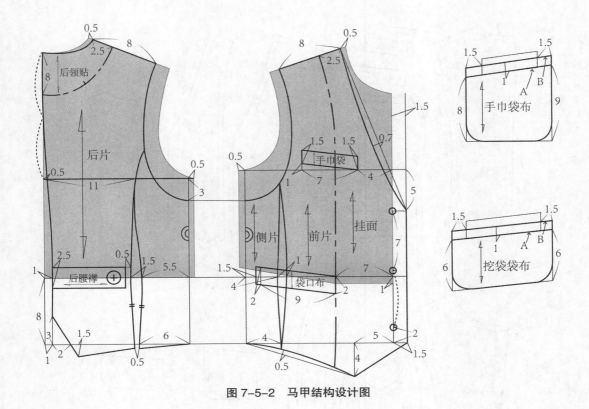

图 7-5-2　马甲结构设计图

（3）口袋

① 如图，画出手巾袋的袋位和造型；在手巾袋位的基础上，画出手巾袋布 A 和袋布 B。

② 如图，画出挖袋的袋位和造型；在挖袋位的基础上，画出挖袋布 A 和袋布 B。

3. 放缝要点（图 7-5-3）

面料放缝：如图 7-5-3（A），后片、侧片、前片、挂面、手巾袋盖、插袋袋盖、后领贴、后腰襻等各部位加相应的缝份。

里料放缝：如图 7-5-3（B），后片、侧片、前片、手巾袋布 A 和袋布 B，挖袋布 A 和袋布 B 等各部位加相应的缝份。

黏衬部位：如图 7-5-3（C），手巾袋盖、挖袋袋盖、后领贴、挂面。

4. 缝制工艺步骤

烫门襟牵条—缝合面布前侧缝—缝制手巾袋—缝制挖袋—缝合面布后中缝、后侧缝—缝合里布后中缝、后侧缝、前侧缝—缝合挂面与前片里、后领贴与里布后领圈—分别缝合面、里的肩缝—车缝门襟止口—缝合面、里袖窿—缝制后腰襻—缝制底摆—锁钉、整烫。

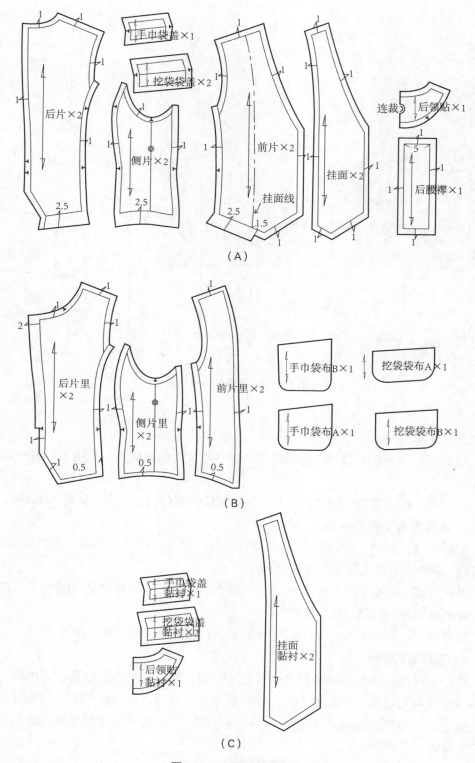

图 7-5-3　马甲放缝图

5. 缝制工艺要点

（1）口袋工艺见图 7-5-4（A）。

可以参考斜挖袋工艺或手巾袋工艺缝制。在衣片上画出袋位，先分别缝制手巾袋袋盖和挖袋袋盖，再如图车缝袋布 A、袋布 B，然后剪袋口、翻烫平整，车口袋明线，缝合袋布。

（2）门襟工艺见图 7-5-4（B）。

① 车缝：将里布与面布正面相对叠放，在门襟止口位置，对准挂面、领贴与衣片的侧颈点、后中点、前片的各转折点等，先用大头针别好，再车缝 0.9 cm 固定。在挂面和领贴这一侧压 0.1 cm 暗止口线。

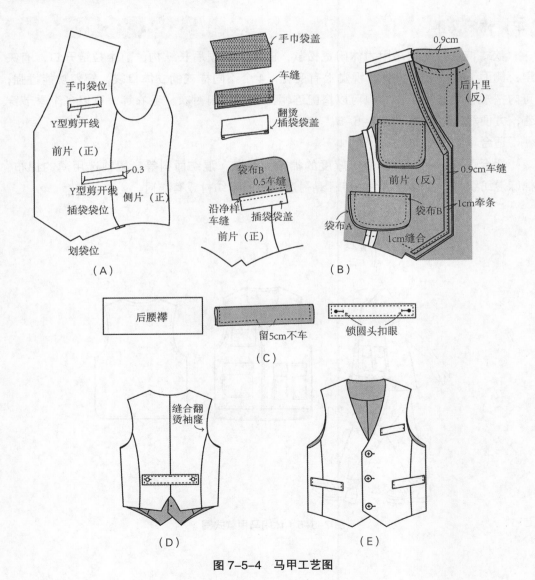

图 7-5-4　马甲工艺图

② 翻烫：检查门襟止口的车缝效果，注意松紧一致，左右对称，里外匀自然，修剪缝份后翻烫好。

（3）腰襻工艺见图 7-5-4（C）。

如图在反面车 0.9 cm，腰襻中间留口，留 5 cm 不车，翻烫腰襻；再在腰襻四周车 0.5 cm 明线。

（4）锁钉工艺见图 7-5-4（D）。

在腰襻两端各锁 1 个圆头扣眼。在左衣片门襟的扣眼位置锁 3 个圆头扣眼，在右衣片门襟的扣位钉 3 个扣子，钉扣时要在挂面这边加小垫扣。

二、休闲马甲

款式特点：此款马甲为休闲宽松款，圆领，前短后长结构，前中拉链开口，有夹里；侧面下摆的转折设计，视觉上有变化，4 个不同样式的立体口袋，穿着功能性强；可内搭短袖或长袖 T 恤，也可以搭配连帽卫衣、休闲衬衣、毛衣等，可以多个季节穿着，方便舒适。款式见图 7-5-5。

适合年龄：2~10 岁。

适合面料：面料选用中等厚度的棉布、麻布、混纺面料等；里料选用薄的棉布、棉麻混纺织物、棉涤混纺织物等；黏衬选用薄的无纺衬或有纺衬。

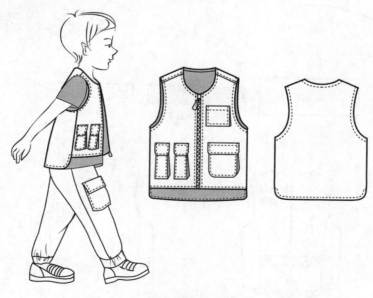

图 7-5-5　休闲马甲款式图

1. 结构制图参考尺寸（表 7-5-2）

表 7-5-2 结构制图参考尺寸表　　　　　　　　　　　　　单位：cm

身高	后衣长	胸围（B）	下摆围	肩宽
110	42	56+14=70	70	25
120	44	60+14=74	74	26
130	46	64+14=78	78	27

2. 结构制图设计（图 7-5-6）

本款以身高为 120 cm 的儿童为例进行结构设计。

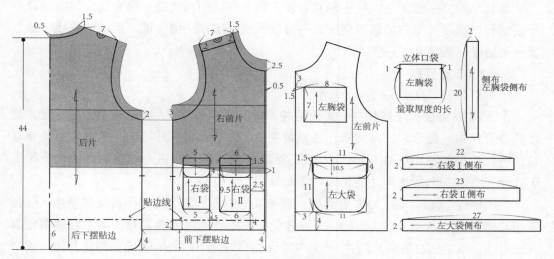

图 7-5-6　休闲马甲结构设计图

结构设计要点：

（1）后衣片：如图 7-5-6，拷贝 120/60 的后片原型，确定后中衣长，按款式宽松度确定胸围、后领圈、肩宽，画顺后领圈、后袖窿和后侧缝弧线，注意后片有部分量在前肩，实际的肩线是前移 2 cm。在后片下摆画出贴边线。

（2）前衣片：如图 7-5-6，延长后腰线，拷贝前衣片原型时下落 1 cm，因前中拉链要露齿约 0.5 cm，所以衣片前中缩进 0.5 cm，确定前领圈、胸围、肩宽，画顺前领圈、前袖窿，核对确认前后肩线长度一致，确认前片侧缝与后片侧缝的刀眼位置。在前片下摆画出贴边线。

（3）口袋

① 右前片画出 2 个加袋盖立体口袋的袋位和造型，两个口袋造型相似，尺寸略

不同。

②左前片画出 2 个立体口袋的袋位和造型；其中 1 个胸袋不加袋盖。

③画出立体口袋的厚度，为避免袋口位置太厚，一般口袋的侧布从袋口下 1.2~1.5 cm 开始加，按此方法量取立体口袋的侧布长，侧布宽都为 2 cm。

3. 放缝要点（图 7-5-7）

面料放缝：如图 7-5-7（A），后片、前片、左胸袋、左大袋、左大袋袋盖、右袋Ⅰ、右袋Ⅰ袋盖、右袋Ⅱ、右袋Ⅱ袋盖、4 个口袋的厚度、后下摆贴边、前下摆贴边、领圈滚条等各部位加相应的缝份。

里料放缝：如图 7-5-7（B），后片、前片等各部位加相应的缝份。

黏衬部位：如图 7-5-7（C），右袋Ⅰ袋盖、右袋Ⅱ袋盖、左大袋袋盖。

4. 缝制工艺步骤

缝制左胸袋—缝制左大袋—缝制右袋Ⅰ和Ⅱ—绱门襟拉链—缝合面、里布肩缝—分别缝合前后衣片里与前后下摆贴边—缝制侧缝、下摆—缝合面、里的前中线—缝合面、里袖窿—领圈滚边—整烫

5. 缝制工艺要点

（1）口袋工艺见图 7-5-8（A）。

①缝制左胸袋：用胸袋净样折烫贴袋，袋上口车卷边缝，其他三边三线包缝，如图折烫好侧布，缝合袋布与侧布，注意离袋口 1.2~1.5 cm 开始车，车到转角处要剪口；再在口袋的三边压 0.1 cm 止口线；然后把口袋侧片的另一边按衣片的袋位扣压 0.1 cm 固定；最后固定两边的袋口约 2 cm。

②缝制左大袋：袋上口车卷边缝，袋布其他边三线包缝，如图折烫好侧片，缝合袋布与侧片，注意离袋口 1.2~1.5 cm 开始车，车到圆角处要圆顺；再沿着袋布轮廓压止口线；然后把口袋侧片的另一边按衣片的袋位扣压 0.1 cm 固定；固定两边的袋口约 2 cm。袋盖如图做好，离袋布上口 1.5 cm 绱袋盖，注意袋盖要能盖住袋布。

（2）侧缝下摆工艺见图 7-5-8（B）。

①缝合前片面、里的下摆，折烫好，前片下摆对齐面布后衣片的侧缝刀眼，缝合衣片面布的侧缝距底摆 1.5 cm 处止，前下摆贴边这片在这止点剪口。

②从剪口位置起，缝合衣片里布的侧缝。

③从剪口位置起，缝合后衣片面布和贴边的下摆，注意圆角要圆顺，修剪缝份后翻烫平整。面布、里布的侧缝缝份都倒向后片。

（3）领圈滚边工艺见图 7-5-8（C）。

①领圈是这款马甲的最后缝制部位，把衣服整理平整，核对修顺领圈，先对齐面和里的后中点、侧颈点等，车 0.5 cm 固定线。

②内滚布工艺。先把滚边布与衣片领圈正面相对车 0.7 cm，再折光两端滚边布，在领圈内侧压 0.8 cm 明线。

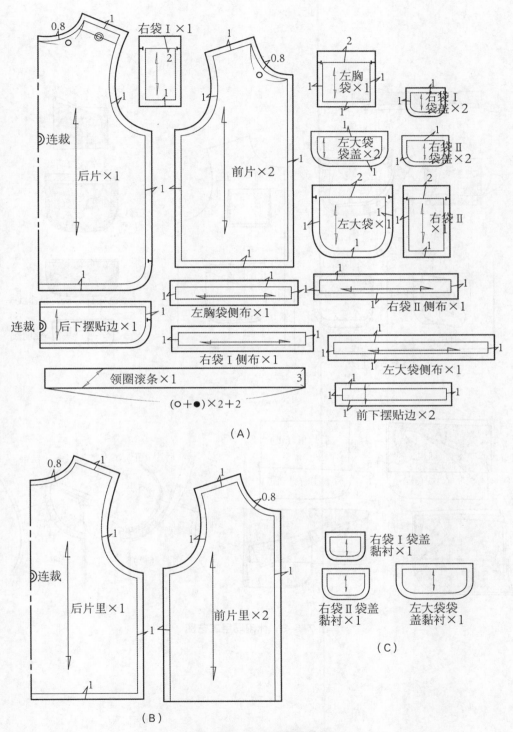

图 7-5-7　休闲马甲放缝图

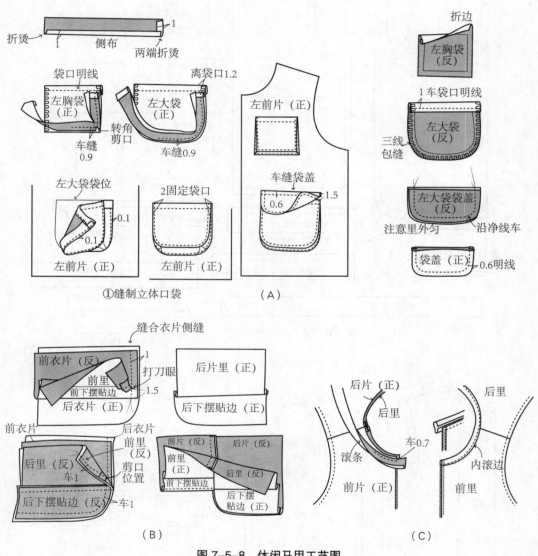

折烫
1
侧布
两端折烫

袋口明线
左胸袋
（正）
车缝
0.9
转角
剪口

离袋口1.2
左大袋
（正）
车缝0.9

左前片（正）
车缝袋盖
0.6
1.5

折边
左胸袋
（反）

1 车袋口明线
左大袋
（反）
三线
包缝

左大袋袋盖
（反）
注意里外匀
沿净线车

袋盖（正）
0.6明线

左大袋袋位
0.1
0.1
左前片（正）

2固定袋口
左前片（正）

①缝制立体口袋

（A）

缝合衣片侧缝

前衣片（反）
1
打刀眼
前里
前下摆贴边
1.5
后衣片（正）

后片里（正）
后下摆贴边（正）

前衣片
后衣片
前里
（反）
后里（反）
车1
剪口
位置
后下摆贴边（反）
车1

前片（反）
后片（反）
前里
（正）
后里（反）
前下摆贴边
后下摆
贴边（正）

（B）

后片（正）
后里
滚条
前片（正）
车0.7

后里
内滚边
前里

（C）

图 7-5-8　休闲马甲工艺图

第六节　外套结构设计与工艺

本节内容提要：

（1）衣片原型的前中线倾倒处理及作图方法

（2）连帽插肩袖短外套

（3）双排扣中长大衣

（4）套头式斗篷

外套是穿在最外面的衣服的总称，具有保暖、防尘、防风等功能。通过本节介绍的三款外套结构设计，读者可以举一反三加以变化应用。

一、衣片原型的前中线倾倒处理及作图方法

在外套结构设计时，需考虑内穿服装的厚度及儿童体型特征，故在使用原型时，需对衣片原型的前中线作倾倒处理，增加前领口大、加长前衣片中线的长度。

1. 前衣片原型倾倒的原理

婴幼儿时期的体型近似于圆柱体，生长至少年阶段，他们的胸部、肩部都会发生变化。本书的原型用于衬衫、连衣裙等服装时，其前长是足够的，若用于外套类，由于里面所穿服装的厚度，或是较胖的体型，前中长和领圈会出现不足的现象，以致产生前衣片下摆起吊等弊病，为修正此不足，需要将前衣片原型作倾倒处理，倾倒的量视服装的款式、儿童体型而定，通常在 0.3~1 cm 之间。

2. 倾倒的作图方法（图7-6-1）

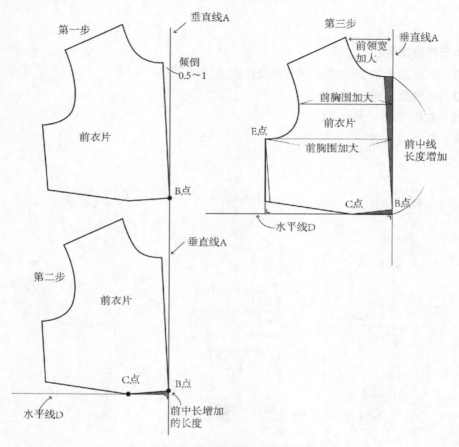

图7-6-1 原型前衣片倾倒的作图方法

（1）先画一条垂直线A，将原型的前腰点B置于垂直线A上，前领口倾倒0.5~1 cm，画出前衣片原型。

（2）通过前腰点C，画一条水平线D，与垂直线A互相垂直。

（3）从袖窿E点引一条垂直线至水平线D，如图重新画出腰线；垂直线A即为新的前中线，此时前中线增加了长度、前领圈加大了宽度，符合儿童特有的体型要求，使服装穿上后的领口和下摆都显得平服。

二、连帽插肩袖短外套

款式特点：该款为女童短大衣，夹里工艺，适合冬季穿着。插肩袖结构，衣帽的帽檐、袖口及口袋的袋盖用撞色布拼接。款式见图7-6-2。

适合年龄：2~5岁。

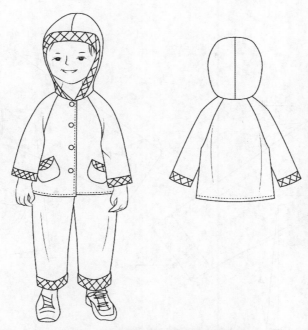

图 7-6-2　连帽插肩袖短外套款式图

适合面料：薄呢、针织绒等保暖性优良的柔软面料，衣身里布采用薄棉布，袖身里布采用涤丝纺、尼丝纺等手感滑爽的面料。

1. 结构制图参考尺寸（表 7-6-1）

表 7-6-1　结构制图参考尺寸表　　　　　　　　　　　　　　单位：cm

号型	身高	后中长	胸围（B）	肩宽（S）	袖长	袖口围	头围
90/52	90	38	52+14+6=72	27	32	23	49
100/54	100	41	54+14+6=74	28.2	35	24	50
110/56	110	44	56+14+6=76	29.4	38	25	51

2. 结构设计（图 7-6-3）

本款以身高为 90 cm 为例，采用 90/52 的上衣原型进行结构设计。

3. 结构设计要点

（1）先画后衣片，再画前衣片。在前衣片领口倾倒原型 0.5~1 cm，增加领口宽度。

（2）衣片原型胸围的放松量是 14 cm，该短大衣的胸围尺寸是 52（人体净胸围）+14（原型放松量）+6（再增加的放松量）=72 cm，故在原型的基础上，胸围需要再增加 6 cm 的松量，前后半身衣片各增加 1.5 cm。后衣片的袖窿下降 2 cm，前衣片的袖窿下降 2.7 cm。

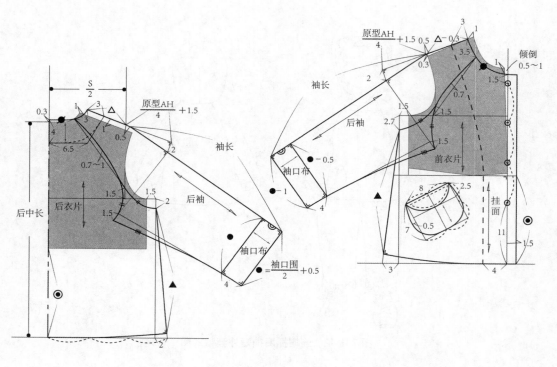

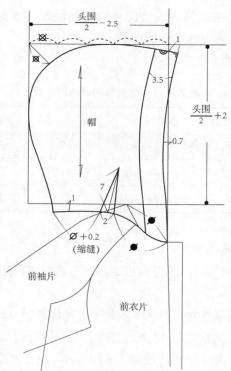

图 7-6-3　连帽插肩袖短外套结构设计图

（3）考虑到内衣后背的厚度，后肩线上提 1 cm，前肩点提高 0.3 cm；前后横开领加大 1 cm，前直开领加深 1 cm。

（4）延长肩线，从肩点起取原型袖隆 AH/4 + 1.5 cm 长度，再在直角线上取 2 cm 定出袖山高，前后袖子的袖底线必须相等。

（5）前后衣摆放大，衣摆前片放出的量大于后片 1 cm，侧缝线与下摆线成直角，前后衣片的侧缝线必须相等。

4. 缝制工艺要点

（1）领面、挂面、口袋盖反面烫黏合衬。

（2）贴袋布与袋盖连为一体，里布用撞色布，撞色布上端的口袋盖反面烫黏合衬，贴袋上口翻折后形成袋盖，露出撞色布。

（3）衣帽的帽底线在衣片侧颈点设计一个省道，省道中线垂直于帽底线。帽子省道车缝后，沿省中线剪口至距省尖约 1 cm 处，一侧剪口后分缝烫平。

（4）帽子与衣片领圈缝合时，后帽底缝需缩缝 0.2 cm。

三、双排扣中长大衣

款式特点：该款为男童中长大衣，门襟双排扣设计，夹里工艺，适合冬季穿着。插肩袖结构，袖口装袖襻，圆底大贴袋加袋盖。款式见图 7-6-4。

适合年龄：2~8 岁（身高 90~130 cm）。

图 7-6-4 双排扣中长大衣款式图

适合面料：面布采用保暖性优良的呢料，衣身里布采用薄棉布、袖身里布采用涤丝纺、尼丝纺等手感滑爽的面料。

1. 结构制图参考尺寸（表 7-6-2）

表 7-6-2　结构制图参考尺寸表　　　　　　　单位：cm

号型	身高	后中长	胸围（B）	肩宽（S）	袖长	袖口围
90/52	90	53	52+14+8=74	27.4	31	20
100/54	100	56	54+14+8=76	28.6	34	21
110/56	110	59	56+14+8=78	29.8	37	22
120/60	120	62	60+14+8=82	31	40	23

2. 结构设计（图 7-6-5）

本款以身高为 120 cm 为例，采用 120/60 的上衣原型进行结构设计。

3. 结构设计要点

（1）先画后衣片，再画前衣片。在前衣片领口倾倒原型 1 cm，增加领口宽度。

（2）衣片原型胸围的放松量是 14 cm，该短大衣的胸围尺寸是 60（人体净胸围）+ 14（原型放松量）+8（再增加的放松量）=82 cm，故在原型的基础上，胸围需要再增加 8 cm 的松量，前后半身衣片各增加 2 cm。后衣片的袖窿下降 3 cm，前衣片的袖窿下降 4 cm。

（3）考虑到内衣后背的厚度，后肩线上提 1 cm，前肩点提高 0.5 cm；前后横开领加大 1 cm，后直领上提 0.3 cm，前直开领加深 1 cm。

（4）延长肩线，从肩点起取原型袖窿 AH/4 + 2 cm 的长度，再在直角线上取 2.5 cm 定出袖山高；前后袖子的袖底线必须相等。

（5）前后衣摆放大，衣摆前片放出的量大于后片 1 cm，侧缝线与下摆线成直角，前后衣片的侧缝线必须相等。

（6）贴袋的侧边与衣片侧缝要基本保持平行，袋盖上口与贴袋上口相距 1.5 cm。

4. 缝制工艺要点

（1）领面、挂面、后领贴边、袖襻带烫黏合衬。

（2）袖口上的袖襻缝制固定后再绱袖子。

四、套头式斗篷

款式特点：该斗篷前后衣长相等，前中领口处开口呈套头式，穿脱方便，防风御寒性好，实用性强，根据需要，袖长和衣长均可加长或缩短。在侧腰处，用扣子固定

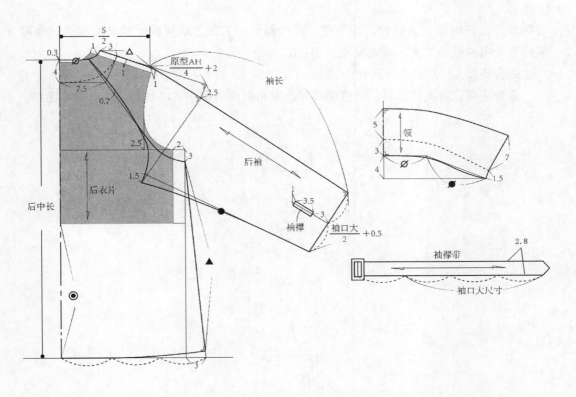

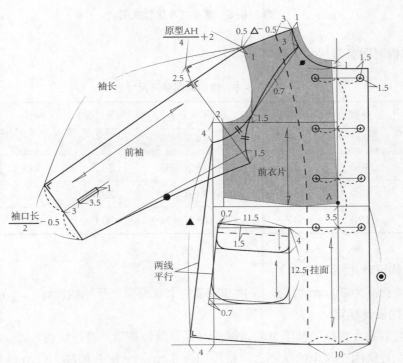

图 7-6-5 双排扣中长大衣结构设计图

前后衣片，前中设计大贴袋，圆下摆，宽松帽子。工艺上既可设计成单层款式，也可采用有里布的双层工艺。款式见图7-6-6。

适合年龄：2~8岁（身高90~130 cm）。

适合面料：各类呢面料、丝绒面料等，里布采用薄棉布式涤丝纺、尼丝纺等面料。

图7-6-6　套头式斗篷款式图

1. 结构制图参考尺寸（表7-6-3）

表7-6-3　结构制图参考尺寸表　　　　　　　　　　　　单位：cm

号型	身高	前中长	胸围（B）	肩宽（S）	袖长	头围
90/52	90	41	52+14+20=86	27	34	49
100/54	100	43	54+14+20=88	28.2	37	50
110/56	110	45	56+14+20=90	29.4	40	51
120/60	120	47	60+14+20=94	30.6	43	51

2. 结构设计（图7-6-7）

本款以身高为90 cm为例，采用90/52的上衣原型进行结构设计。

3. 结构设计要点

采用前后衣片重叠的制图方法，以前衣片原型为基础，进行结构设计。

（1）衣片胸围在原型的基础上，每片加放5 cm，一周共加放20 cm的松量；袖隆开至腰线。

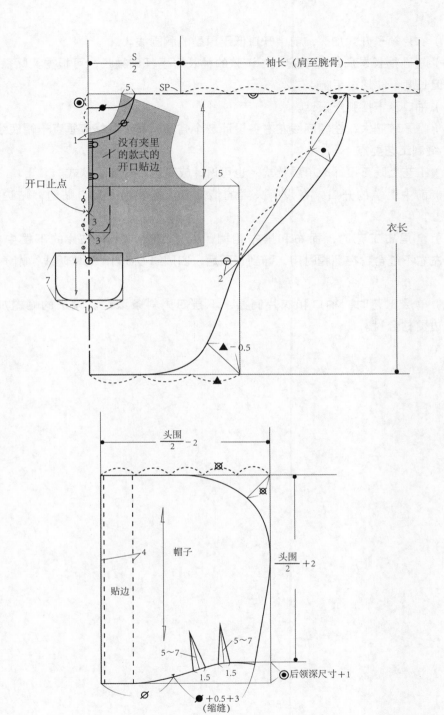

$\dfrac{S}{2}$ 袖长（肩至腕骨）

SP

5

没有夹里
的款式的
开口贴边

开口止点

1

3
3

7

10

2

衣长

▲ − 0.5

▲

$\dfrac{头围}{2} - 2$

帽子

4

贴边

$\dfrac{头围}{2} + 2$

5～7
5～7

1.5 1.5

⌀

◉ 后领深尺寸 +1

● + 0.5 + 3
（缩缝）

图 7-6-7　套头式斗篷结构设计图

（2）衣片领子开大加深，前中开口低于原型的胸围线。

（3）基础袖长是肩点至手腕点，该款的袖长短于基础袖长，可根据实际需要设计袖长，但长度不能超过手腕点。

（4）袖口及下摆弧形设计。

（5）帽子较肥大，在帽底线左右各设计 2 个省道，省道中线应垂直于帽底线。

4. 缝制工艺要点

（1）工艺上既可设计成单层款式，也可设计成有里布的夹里款式。

（2）前中上端的开口，在没有夹里的情况下，需要加上开口贴边，贴边要烫黏合衬。

（3）全里布工艺时，面布和里布相同，四周缝合，在后衣片的下摆中间留出 15 cm 左右不缝合，在翻膛时用，翻到正面后，四周缉 0.6 cm 的单明线；帽子面里布双层。

（4）单层工艺时，袖口和衣片侧摆、下摆四周斜条滚边。帽子的帽檐加贴边，帽檐贴边烫黏合衬。

第八章 连衣裤、连衣裙结构设计与工艺

第一节　婴童包臀连衣短裤结构设计与工艺

本节内容提要：

（1）包臀连衣三角灯笼短裤

（2）背心式包臀短裤（门襟开口款）

（3）短袖包臀连衣短裤（A、B款）

（4）背心式翻领包臀泡泡短裤（后门襟开口款）

（5）背带式灯笼短裤（A、B款）

　　包臀连衣短裤适合2周岁前的幼童穿着，裤口内穿松紧带形成抽褶灯笼状，本节介绍七款常用的款式。

一、包臀连衣三角灯笼短裤

　　款式特点：此款连衣裤后片呈现背心式，前片背带设计，裤裆采用子母扣开合，

方便穿脱，裤口穿入窄松紧带；前胸部和口袋的边缘若采用荷叶边装饰，适合女宝宝穿着，如果不采用荷叶边装饰，男宝宝也适合穿着。居家穿着既凉爽又方便宝宝活动，若配上短袖短外衣，可以作为外出服，显得活泼可爱。款式见图8-1-1。

适合年龄：4个月~2岁。

适合面料：可以选用柔软耐洗的全棉薄型面料。

图8-1-1　包臀连衣三角灯笼短裤款式图

1. 结构制图参考尺寸（表8-1-1）

表8-1-1　结构制图参考尺寸表

单位：cm

身高	胸围（B）	净臀围（H）	净大腿根围	上裆	裆宽（计算值）
60	42+10	41	25	13	3.25
70	45+10	44	26	14	3.5
80	48+10	47	27	15	3.75
90	52+10	52	30	16	4

注：表中的裆宽数据是采用1/4上裆尺寸计算所得。

2. 结构设计

本款以身高为70 cm的幼儿为例，上衣采用70/45的原型进行结构设计，胸围放松量10 cm。

（1）基础线制图见图8-1-2。

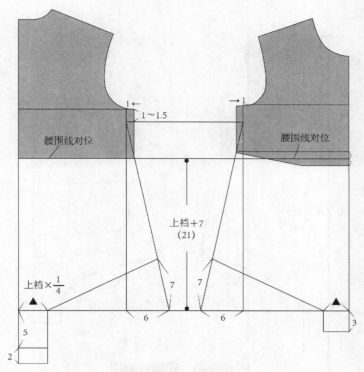

图 8-1-2　基础线制图

结构设计要点：

① 先将原型的前后片腰围线对位在同一水平线上，前腰围的肚凸量采用一半；然后将前后片的胸围收小 1 cm，原型胸围的放松量是 14 cm，该款连衣裤胸围的放松量是 10 cm。

② 后袖窿下降 1~1.5 cm，加深袖窿是考虑款式造型和夏季穿着凉爽；前袖窿的下降量与后袖窿处于同一上平线对位即可。

③ 腰围线至裤裆的长度取：上裆尺寸加 7~7.5 cm。

④ 裤裆底部的长度，后片长于前片，后裆底部由于需要钉扣子，需放出 2 cm 的里襟量；前后裆宽相同，采用 1/4 上裆尺寸。

（2）轮廓线制图见图 8-1-3。

结构设计要点：

① 前衣片的背带肩线需要与后片肩线相等，合并到后片使之形成一完整的结构。

② 后衣片的领圈及袖窿和前片的背带采用一体式贴边。

3. 放缝要点（图 8-1-4）

（1）口袋折边放缝 3 cm（含折边 2 cm）；后裆底放缝 3 cm（含折边 2 cm）；前裆底放缝 4 cm（含折边 3 cm）。

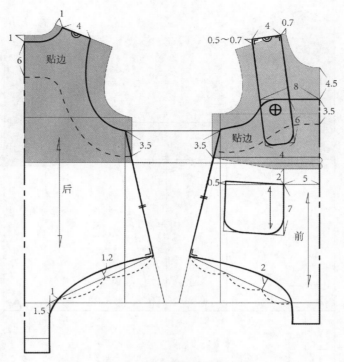

图 8-1-3　轮廓线制图

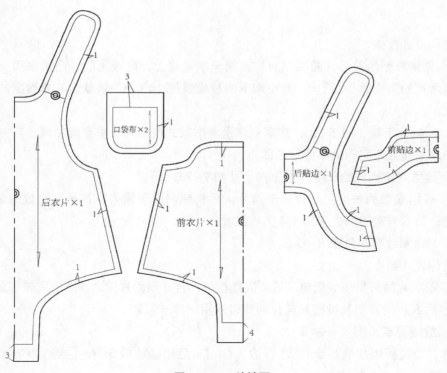

图 8-1-4　放缝图

（2）其余各边放缝 1 cm。

4. 主要工艺要点（图 8-1-5）

（1）裤口采用斜条滚边，与裤口缝合后，净宽 1 cm，滚边斜条内穿入松紧带；松紧带宽度为 0.8 cm，长度是大腿围的尺寸加 2 cm。

（2）裤裆底部采用三折边工艺，前裆底锁扣眼，后裆底钉扣子；前后裆底也可以直接采用子母扣。

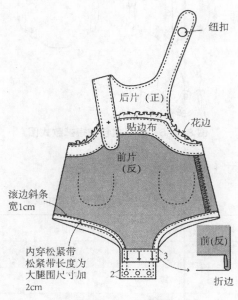

图 8-1-5　工艺图

二、背心式包臀短裤（门襟开口款）

款式特点：此款连衣短裤前门襟开口设计，领圈、袖窿滚边工艺，裤口穿松紧带收口，裤裆底部扣子开合，穿脱方便，夏季穿着既凉快又便于活动，适合能独立坐稳的男女宝宝穿着。款式见图 8-1-6。

适合年龄：8 个月 ~2 岁。

适合面料：既可选用有弹性的针织面料，又可以选用柔软的全棉优质面料。

图 8-1-6　背心式包臀短裤款式图

1. 结构制图参考尺寸（表 8-1-2）

表 8-1-2　结构制图参考尺寸表　　　　　　　　　　　　　单位：cm

身高	净胸围（B）	净臀围（H）	净大腿根围	上裆	裆宽（计算值）
70	45	44	26	14	3.5
80	48	47	27	15	3.75
90	52	52	30	16	4

注：① 表中的裆宽数据，是采用 1/4 上裆尺寸计算所得。

　　② 关于胸围的放松量：有弹性的针织面料在净胸围的基础上加放 8 cm 左右，无弹性的梭织面料在净胸围的基础上加放 12 cm 左右。

2. 结构设计

本款以身高为 70 cm 的幼儿为例，上衣采用 70/45 的上衣原型进行结构设计，所采用的面料是否有弹性，其结构在长度和围度上是有所不同的。不管面料是否有弹性，在结构设计时，第一步骤是先把上衣原型腰围线对位，具体方法见图 8-1-7。

腰围线对位要点：把后衣片原型的腰围线向右水平延伸，对位前衣片腰部肚凸量的 1/2 位置。

（1）有弹性的针织面料结构设计见图 8-1-8。

由于面料有弹性，在纵向和横向均有拉伸性，所以衣服的长度和围度比一般的梭织面料要减少，根据面料的弹性，衣服总长减少 2 cm 左右，胸围放松量在 8 cm 左右，臀围放松量是 16 cm。

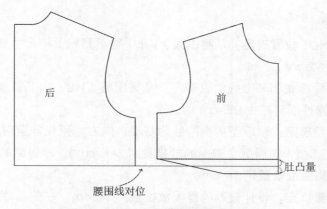

图 8-1-7　上衣原型腰围线对位方法

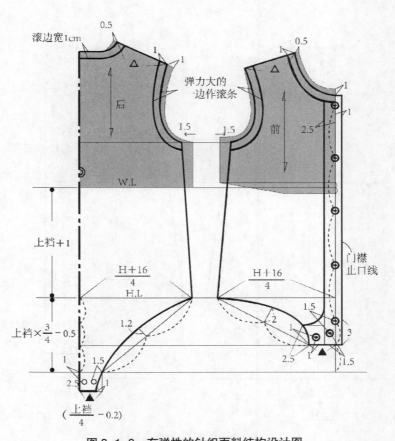

图 8-1-8　有弹性的针织面料结构设计图

结构设计要点：

① 臀围线（HL）位置确定：从腰围线（WL）往下量取上裆尺寸加 1 cm 松量（无弹性面料松量加上 2 cm）。

② 臀围线至后裆底部基准线位置确定：从臀围线（HL）往下量取上裆尺寸的 3/4 减 0.5 cm，比无弹性面料减少 0.5 cm 的长度。

③ 胸围放松量确定：以原型后胸围线为基准，向右水平延伸至前片，在前后片的水平线上各收进 1.5m（即原型全胸围的放松量减少 6 cm），即该款的胸围放松量是 8 cm（衣片原型的胸围放松量是 14 cm）。

④ 臀围放松量确定：设计该款的臀围放松量为 16 cm，在前后片的臀围线上分别量取（净臀围尺寸＋16）/4。

⑤ 领圈、袖窿滚边设计：前后领圈横开领开大 0.5 cm，前直开领开深 1 cm 后，滚边宽度为 1 cm。

（2）无弹性的面料结构设计见图 8-1-9。

胸围放松量在 12 cm 左右，臀围放松量是 24 cm。

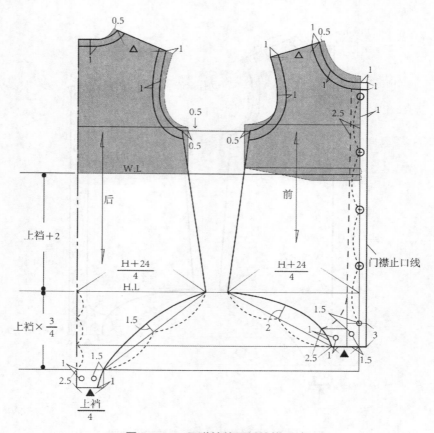

图 8-1-9　无弹性的面料结构设计

结构设计要点：

① 臀围线（HL）位置确定：从腰围线（WL）往下量取上裆尺寸加2 cm松量。

② 胸围放松量确定：先在原型后片把袖窿下降0.5 cm后水平对齐前片。在前后衣片的袖窿线上各收进0.5 cm（即全胸围的放松量减少2 cm），该款的胸围放松量是12 cm（衣片原型的胸围放松量是14 cm）。

③ 臀围放松量确定：臀围放松量为24 cm，在前后片的臀围线上分别量取（净臀围尺寸加24 cm）/4。

④ 领圈、袖窿滚边设计：前后领圈横开领开大0.5 cm，前直开领开深1 cm后，再设计领圈和袖窿的滚边，滚边宽度为1 cm。

3. 放缝要点（图8-1-10）

（1）来去缝工艺：肩线、侧缝采用来去缝工艺，放缝1.5 cm，如平缝工艺则放缝1 cm。

（2）后裆底部：后裆底部放缝3.5 cm，其中折边为2.5 cm。

（3）其余各边放缝1 cm。

（4）黏合衬：门襟贴边反面烫黏合衬，按前衣片相同部位复制。

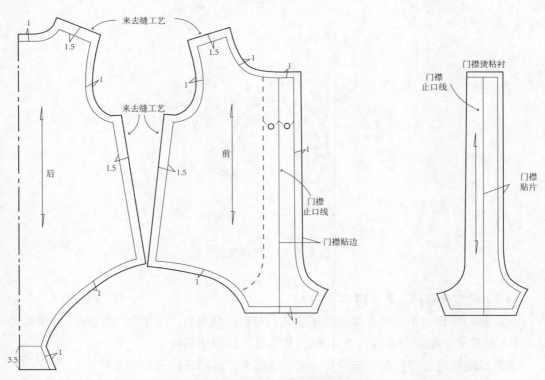

图8-1-10　背心式包臀短裤放缝要点

4. 工艺要点（图 8-1-11）

（1）滚边工艺

领圈和袖窿均采用斜条滚边工艺，滚边完成后净宽 1 cm，裁剪宽度 4.5 cm 左右（考虑斜丝拉伸后宽度变窄，实际熨烫拉伸后再修剪准确），长度按照领围长度或袖窿弧线长度。

① 熨烫滚边布：把斜条对折，用熨斗拉伸绱领子的一侧，注意不要拉伸领外口线，拉伸后的形状与领子相同。

② 车缝滚边布：将斜条滚边布的正面与衣片领圈正面相对，在绱领线上按照 1 cm 的缝份车缝。

③ 漏落缝固定滚边布里侧：整理滚边布，使滚边布的正面宽度为 1 cm；然后折烫滚边布的里侧缝份，使里侧的宽度达到 1.2 cm，最后从正面用漏落缝车缝固定。

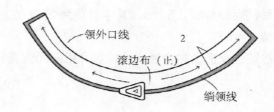

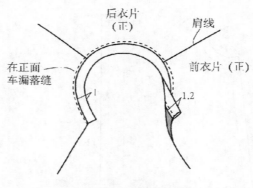

图 8-1-11　滚边工艺

（2）裤口及裤裆工艺（图 8-1-12）

① 裤口车缝斜条贴边：采用斜条贴边，与裤口缝合后，净宽为 1.2 cm，斜条贴边内穿入松紧带；松紧带宽度为 0.8 cm，长度是大腿围的尺寸。

② 车缝裤裆底部：前裆与前片门襟贴边缝合，后裆采用三折边工艺。

③ 锁眼、钉扣：门襟锁扣眼、里襟钉扣子，各 4 颗；裆底上下各 4 颗采母扣固定。

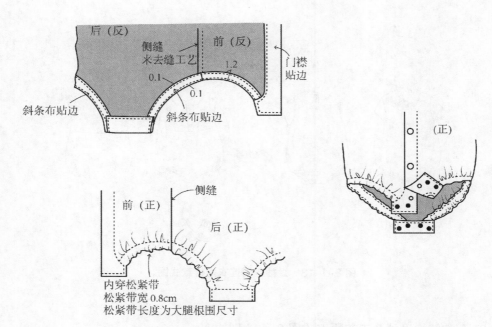

図 8-1-12 裤口及裤裆工艺

三、短袖包臀连衣短裤（A、B 款）

A、B 两款连衣短裤为前片装领，后领圈内滚边，裤口穿松紧带收口，裤裆底部扣子开合，穿脱方便。

（一）A 款

款式特点：后领开口设计，前翻领的领角呈现尖角，前领口设计装饰领带，短平袖，适合男宝宝穿着。款式见图 8-1-13 中 A 款。

适合年龄：8 个月 ~2 岁。

适合面料：既可选用有弹性的针织面料，又可以选用柔软的全棉优质面料。

1. 结构制图参考尺寸（表 8-1-3）

表 8-1-3　结构制图参考尺寸表　　　　　　　　　　　　单位：cm

身高	胸围（B）	净臀围（H）	净大腿根围	上裆	裆宽（计算值）
70	45	44	26	14	3.5
80	48	47	27	15	3.75
90	52	52	30	16	4

注：表中的裆宽数据是采用 1/4 上裆尺寸计算所得。

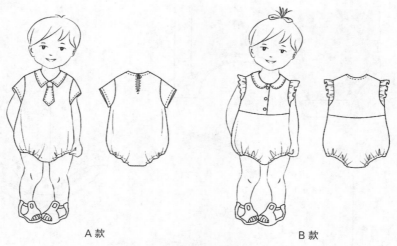

A 款   B 款

图 8-1-13   短袖包臀连衣短裤款式图

2. A 款结构设计及工艺要点（图 8-1-14）

本款以身高为 70 cm 的幼儿为例，上衣采用 70/45 的上衣原型进行结构设计，胸围放松量为 14 cm，臀围放松量为 36 cm。

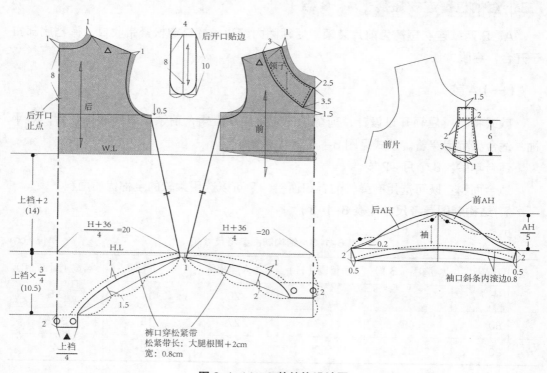

图 8-1-14   A 款结构设计图

（1）结构设计要点

① 上衣原型腰围线对位：具体见图 8-1-14。

② 臀围线（HL）位置确定：从腰围线（WL）往下量取上裆尺寸加 2 cm 松量。

③ 胸围放松量确定：本款胸围的放松量为 14 cm，与衣片原型的胸围放松量相同，故胸围宽度不变。

④ 袖窿深：后袖窿下降 0.5 cm 后水平对齐前袖窿。

⑤ 臀围放松量确定：臀围放松量为 36 cm，在前后片的臀围线上分别量取（净臀围尺寸＋36 cm）/4。

⑥ 裤口设计：为使侧缝线加长，裤口在 HL 低落 1 cm 处开始画弧线。

⑦ 领片设计：在前后领圈横开领开大 1 cm，前直开领开深 2.5 cm 后，再设计前领片。

⑧ 袖子设计：袖山高较低，采用 AH/5，袖子较短，袖口呈弧状。

（2）工艺要点

① 前片缝制：先把领带和领片缝制完成，再把正方形的领带头距前领圈中线（净线）往下 0.5 cm 处车缝固定，领带部分不固定；然后把领片固定在前领圈上，最后用斜条滚边车缝固定领片，采用内滚边工艺。

② 后片缝制：先采用斜条布制作扣环，在后衣片的反面、后领圈中线（净线）往下 8 cm 处烫上直径为 1 cm 的黏合衬，然后在正面放上后领开口的贴边（两者正面相对），车缝（扣环在此车缝固定）后剪开后开口，把贴边翻到反面，熨烫平整后车缝固定。最后将斜条滚边布与后领圈缝合，待衣片的肩线缝合后，再将斜条滚边布的另一侧与后领圈固定。

③ 袖子缝制：袖口采用斜条滚边布进行内滚边工艺。

④ 裤口及裤裆：缝制工艺要点见图 8-1-5。

（二）B 款结构设计

款式特点：前开口设计，前翻领的领角呈现圆角，衣身分割设计，形成上衣和短裤的视角效果，如上衣采用梭织全棉面料，裤子部分采用有弹性的针织面料，活动更方便，荷叶边袖子更显活泼，较适合女宝宝穿着。款式见图 8-1-13 中 B 款。

适合年龄：8 个月 ~2 岁。

适合面料：梭织全棉面料、有弹性的针织面料。

1. 结构制图参考尺寸（表 8-1-4）

表 8-1-4　结构制图参考尺寸表　　　　　　　　　　单位：cm

身高	胸围（B）	净臀围（H）	净大腿根围	上裆	裆宽（计算值）
70	45	44	26	14	3.5
80	48	47	27	15	3.75
90	52	52	30	16	4

注：表中的裆宽数据是采用 1/4 上裆尺寸计算所得。

2. B 款结构设计及工艺要点（图 8-1-15）

本款以身高为 70 cm 的幼儿为例，采用 70/45 的上衣原型进行结构设计，胸围放松量为 14 cm，臀围放松量为 36 cm。

（1）制图要点

① 上衣原型腰围线对位：同 A 款。

② 臀围线（HL）位置确定：同 A 款。

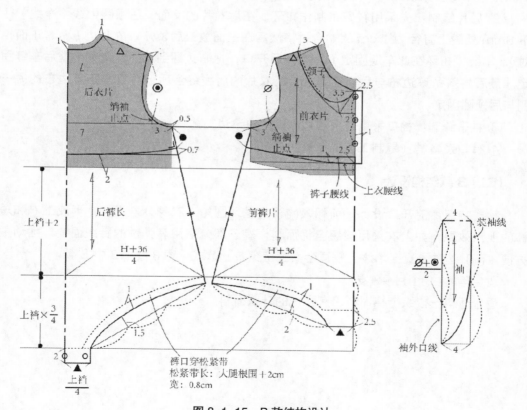

图 8-1-15　B 款结构设计

③ 胸围放松量确定：同 A 款。

④ 袖窿深：同 A 款。

⑤ 臀围放松量确定：同 A 款。

⑥ 裤口设计：同 A 款。

⑦ 领片设计：方法同 A 款，领型为圆领。

⑧ 袖子设计：荷叶边袖型，袖山处宽度为 4 cm，绱袖点距袖底 3 cm。

（2）工艺要点

① 前片缝制：先把领片缝制完成，再把领片固定在前领圈上，折进门襟贴边后用斜条滚边车缝固定领片，采用内滚边工艺。

② 后片缝制：先将斜条滚边布与后领圈缝合，待衣片的肩线缝合后，再将斜条滚边布的另一侧与后领圈固定。

③ 袖子缝制：先把荷叶边的直边（袖外口线）卷边车缝，然后把绱袖线长针距车缝后抽缩至与袖窿绱袖部分等长，再车缝固定，绱袖的缝份及袖底用斜条滚边工艺。

④ 裤口及裤裆：缝制工艺要点见图 8-1-5。

四、背心式翻领包臀泡泡短裤（后门襟开口款）

款式特点：后门襟开口，装 3 粒扣子；无袖，低领座翻领，领外围呈现花瓣状；衣身分割设计，形成上衣和短裤的视角效果，裤子部分有较多的碎褶量，使活动更方便。整体造型活泼可爱，较适合女宝宝穿着。款式见图 8-1-16。

图 8-1-16　背心式翻领包臀泡泡短裤款式图

适合年龄：8 个月 ~2 岁。

适合面料：薄型梭织全棉面料。

1. 结构制图参考尺寸（表 8-1-5）

表 8-1-5　结构制图参考尺寸表

单位：cm

身高	胸围（B）	净臀围（H）	净大腿根围	上裆	裆宽（计算值）
70	45	44	26	14	3.5
80	48	47	27	15	3.75
90	52	52	30	16	4

注：表中的裆宽数据是采用 1/4 上裆尺寸计算所得。

2. 结构制图（图 8-1-17）

本款以身高为 70 cm 的幼儿为例，采用 70/45 的上衣原型进行结构设计，胸围放松量为 14 cm，臀围放松量较大作碎褶处理。

（1）制图要点

① 上衣部分：上衣和裤子的分割线处于腰围线上提 2 cm，由于后衣片中线是开口设计，需放出门襟叠门量 1 cm。

② 裤子部分：在上衣和裤子的分割线上，裤身部分需放出足够的抽褶量，见图 8-1-17（A）。

③ 领子部分：由于上衣款式造型为后中开口，故领子形式左右两片式，采用平领的制图方法，见图 8-1-17（B）。

（2）工艺要点

① 后衣片门襟烫黏合衬。

② 绱领子：领子与衣片缝合后，取斜布条对折熨烫，再将对折布条与领圈缝合线车缝，盖住领圈缝份。

③ 袖窿：取斜布条对折熨烫，然后将对折布条放在衣片正面，与袖窿缝合后，把斜条布翻转到衣片的反面，盖住袖窿缝合线固定。

④ 裤口及裤裆：缝制工艺要点见图 8-1-5。

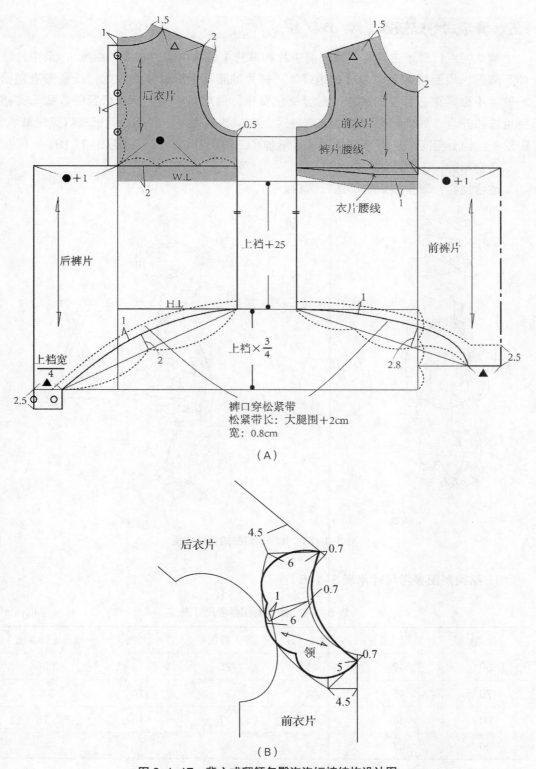

图 8-1-17　背心式翻领包臀泡泡短裤结构设计图

五、背带式灯笼短裤（A、B 款）

款式特点：裤子由两片组成，前中片和裤片（裤片由侧片和后片组成），前中片延伸至胸部，周围用木耳边或窄花边装饰；裤片的腰部内穿松紧带收缩，松紧带应稍松一些，不必紧束在宝宝的腰部，后腰夹住背带，形成背带裤；裤口松紧带收拢，裤裆底用按扣开合；如外出可以配上泡泡袖短上衣，就成为外出套装。背带式灯笼短裤A、B 款在结构上相同，只是 B 款的后裤片增加了三层荷叶边。款式见图8-1-18。

适合年龄：8 个月 ~2 岁。

适合面料：薄型梭织全棉透气面料。

A 款   B 款

图 8-1-18　背带式灯笼短裤款式图

1. 结构制图参考尺寸（表 8-1-6）

表 8-1-6　结构制图参考尺寸表

单位：cm

身高	胸围（B）	净臀围（H）	净大腿根围	上裆	裆宽（计算值）
60	42	41	25	13	3.25
70	45	44	26	14	3.5
80	48	47	27	15	3.75
90	52	52	30	16	4

注：表中的裆宽数据是采用 1/4 上裆尺寸计算所得。

2. 结构设计（图8-1-19）

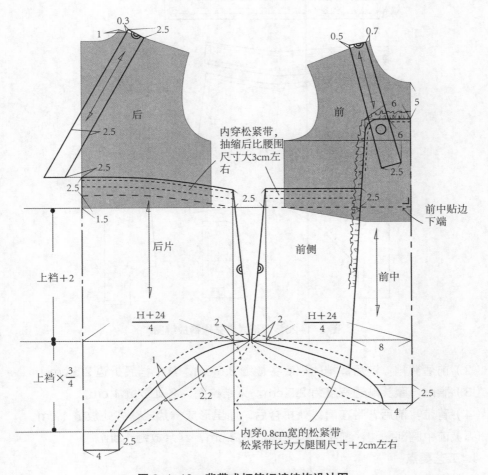

图8-1-19　背带式灯笼短裤结构设计图

本款以身高为90 cm的婴幼儿为例，采用90/52的上衣原型进行结构设计，臀围放松量24 cm。A、B款结构设计相同。

结构设计要点：

（1）腰部结构：前后腰围尺寸以臀围宽为基准，后腰中线上抬4 cm，方便婴儿活动；腰部贴边宽2.5 cm。

（2）背带：背带夹缝在裤片后腰围线与后腰贴边之间，后腰背带左右交叉，前后背带在肩线处拼合后，形成一条直条。

3. 放缝图（图8-1-20）

放缝要点：

（1）裤片：把后片与前侧片的侧缝拼合，形成完整的裤片。

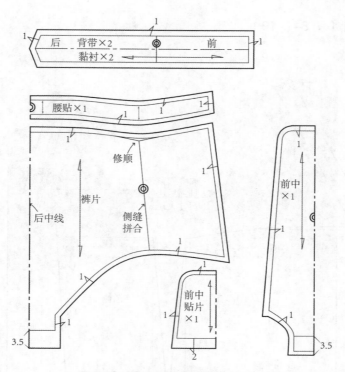

图 8-1-20　背带式灯笼短裤放缝图

（2）前后裤裆：前后裤裆的裆底各放缝 3.5 cm，其中裆底折边 2.5 cm。

（3）腰贴：腰头贴边宽度为 2.5 cm，见结构图，各处放缝 1 cm。

（4）背带：前后背带在肩线处拼合后，面里形成一片式，各处放缝 1 cm。

（5）前中胸部贴边：前中贴边下端放缝 2 cm，其余放缝 1 cm。

4. 工艺要点

（1）烫黏合衬部位：背带全部、前中贴边、前后裤裆折边黏衬宽 4 cm。

（2）背带与腰围缝合：先缝制背带，再把背带夹缝在裤片后腰围线与后腰贴边之间。

（3）裤口和裤裆工艺：缝制工艺要点见图 8-1-5。

（4）B 款裤片荷叶边工艺见图 8-1-21：先在裤片上确定荷叶边的位置。荷叶边的宽度要求上面一层盖过下面一层 1.5 cm，确保完成后看不出下层的缝合线。荷叶边的长度为该处缝合线长度再增加三分之一的抽缩量；第一层荷叶边需夹缝在裤片腰围和腰头贴边之间。其他工艺与 A 款相同。

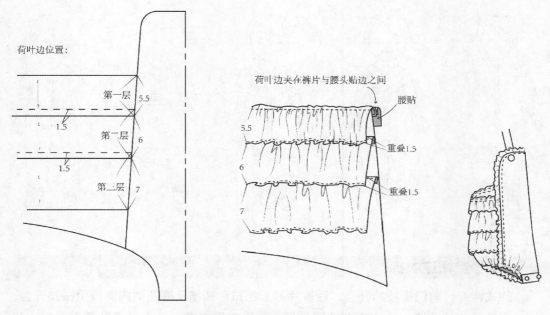

荷叶边位置：

第一层 5.5
1.5
第二层 6
1.5
第二层 7

荷叶边夹在裤片与腰头贴边之间
腰贴

5.5
重叠1.5
6
重叠1.5
7

图 8-1-21　B 款裤片荷叶边工艺图

第二节　连衣裤结构设计与工艺（附带视频）

本节内容提要：

（1）秋冬带帽连衣裤

（2）女童背心式连衣裤

（3）泡泡短袖连衣短裤

（4）背心式连衣裤

（5）短袖腰部分割式九分连衣裤

　　连衣裤是童装中的一大品类，由于上衣与裤子相连成为一体，可以很好地避免宝宝肚子受凉，也非常适合宝宝活动，尤其适合婴童穿着。连衣裤有长袖、短袖和无袖之分，还有背心式连衣裤，是婴幼儿一年四季可以穿着的服装品类。其裆部结构主要有三种处理方法，具体见本节实例。

一、秋冬带帽连衣裤

　　款式特点：前门襟按扣开合，后裤片另加裆布，裤裆及裤腿的内侧缝用按扣开合，袖口和裤口罗纹收紧。衣帽顶部造型可爱，面里双层工艺，适合婴童秋冬季穿着。款式见图 8-2-1。

　　适合年龄：6 个月 ~2 岁（身高 60~90 cm）。

　　适合面料：面、里均为针织面料。

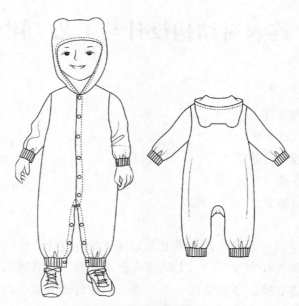

图 8-2-1　秋冬带帽连衣裤款式图

1. 结构制图参考尺寸（表 8-2-1）

表 8-2-1　结构制图参考尺寸表　　　　　　　　　　单位：cm

身高	胸围	臀围（H）	肩宽（S）	后衣长	直裆	袖长	袖口罗纹长/宽	裤口罗纹长/宽	头围
70	44+16	44+17	23	59	19.5	24	14/3	20/3.5	45
80	48+16	49+17	25	65	21	27	15/3	21/3.5	47
90	52+16	54+17	26.5	71	22.5	30	16/3	22/3.5	49

2. 结构设计

（1）衣身结构设计见图 8-2-2。

本款以身高为 80 cm 的婴幼儿为例，上衣采用 80/48 的原型进行结构设计，胸围放松量 16 cm。

结构设计要点：

① 后衣片：考虑后背内衣的厚度，后肩线上提 1 cm，后直领上提 0.3 cm，横开领加大 1m，重新画顺领口线。因为原型的胸围放松量是 14 cm，本款是秋冬装，胸围在原型基础上各片加大 0.5 cm，袖窿开深 1.5 cm。在臀围处，侧缝放大 1.5 cm 左右，也可采用 H/4（臀围放松量为 17 cm），在裤口线上，侧缝收进约 1.2 cm，画出侧缝线。后裆弯挖出一近似半圆的形状，用于和后裆布缝合。

② 前衣片：先把原型的前腰线与后片腰线进行对位，然后进行结构制图。由于是前门襟开口，在前中放出门襟叠门量 1 cm 至前裆线。横领开大量 1 cm（与后领相同），直领开深 2 cm，重新画顺领圈。前后肩线长度相等，与后片相同，前胸围在胸围线上放大 0.5 cm，袖窿深与后片袖窿底点的水平延长线进行对位，侧缝线的制图方法与后片相同。

③ 后裆布结构：因后裆布与后裤片的裆弯缝合，故两者长度必须相等。

④ 后裆贴边：因要与前裆弯开合，故形状要一致，后裆贴边从前裆弯处复制 2 cm 宽即可。

（2）帽子结构设计见图 8-2-3。

结构设计要点：

帽子结构分为帽身和帽顶两部分，帽子的高度以头围/2 进行计算，宽度以前后领圈为基础进行制图。

（3）袖子结构设计见图 8-2-4。

结构设计要点：

袖山高采用 AH/4 + 1 cm，罗纹袖口。

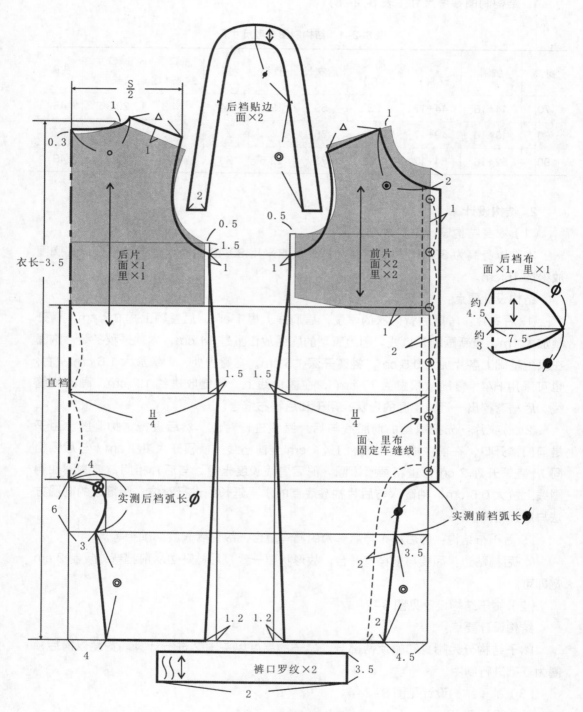

图 8-2-2　衣身结构设计图

后裆贴边
面×2

后片
面×1
里×1

前片
面×2
里×2

后裆布
面×1, 里×1

S/2

0.3

衣长-3.5

0.5

1.5

直裆

实测后裆弧长 ∅

实测前裆弧长

面、里布
固定车缝线

H/4

H/4

1.5　1.5

约
4.5

约
3

7.5

裤口罗纹×2

3. 工艺要点

（1）前后衣身、帽子、袖身，面布与里布放缝相同，面、里布分别缝合。注意：在里布左边的腰部侧缝处留出 15 cm 左右不缝合，用于翻膛。

（2）后裆布面里两片分别与后衣片的面里布先缝合，再将面里裤片夹住后裆贴边固定缝份。

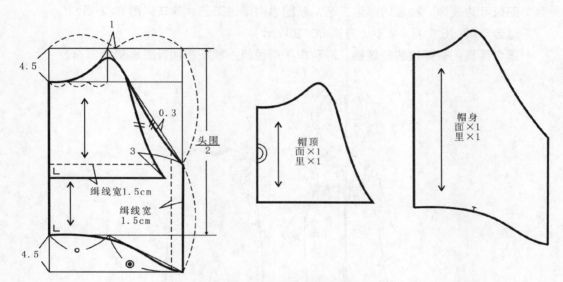

图 8-2-3　帽子结构设计图

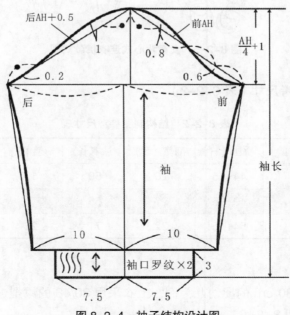

图 8-2-4　袖子结构设计图

二、女童背心式连衣裤

款式特点：该款背心式连衣裤可内搭衬衫或毛衣，选用不同厚度的面料可以适合婴童春秋季或秋冬季穿着，春秋季穿选用单层面料制作，秋冬季穿着采用面、里双层面料制作。前门襟按扣开合，后裤片加裆（包含后裤腿一部分），裤裆及裤腿的内侧缝用按扣开合，裤口松紧带收紧；前衣片横向分割，分割线的裤片上加放抽碎褶量；袖窿上部荷叶边装饰、袖窿内滚边工艺，领圈也内滚边工艺。款式见图8-2-5。

适合年龄：6个月~2岁（身高60~90 cm）。

适合面料：有弹性的舒绒棉，春秋季单层面料，秋冬季加针织面料的里布。

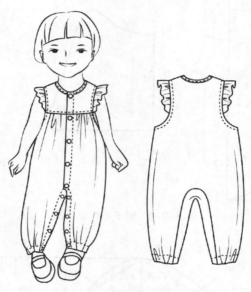

图8-2-5　女童背心式连衣裤款式图

1. 结构制图参考尺寸（表8-2-2）

表8-2-2　结构制图参考尺寸表　　　　　　　　　　单位：cm

身高	胸围（不含褶量）	臀围（H）	肩宽（S）	后衣长	直裆	裤口松紧带长/宽
70	44+12	44+15	20	59	19	20/1.2
80	48+12	49+15	21	65	20.5	21/1.2
90	52+12	54+15	22	71	22	22/1.2

2. 结构设计

本款以身高为80 cm的婴幼儿为例，上衣采用80/48的原型进行结构设计，胸围放松量12 cm，见图8-2-6。

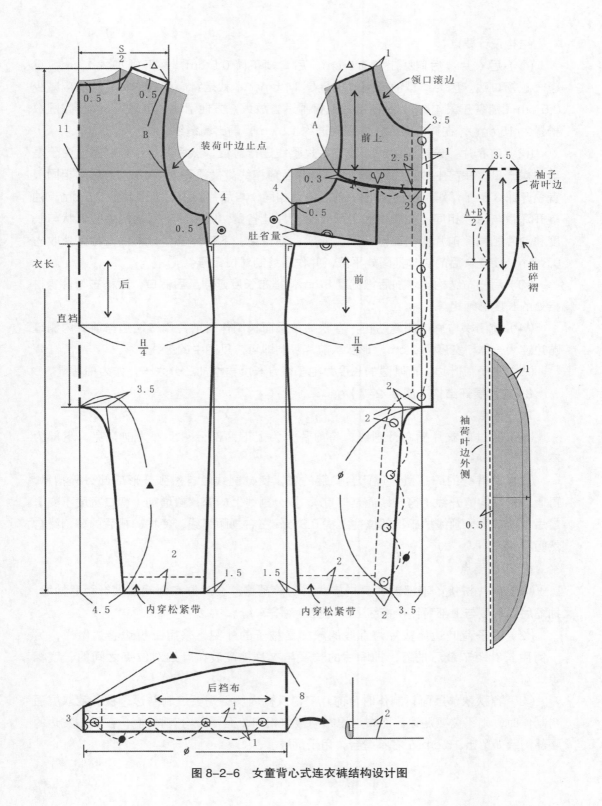

图 8-2-6 女童背心式连衣裤结构设计图

结构设计要点：

（1）后衣片：后肩线上提 0.5 cm，后直领下降 0.5 cm，横开领加大 1 cm，重新画顺领口线。因为原型的胸围放松量是 14 cm，本款是背心款式，每片胸围应减少 0.5 cm，袖窿开深 4 cm。在侧缝放处臀围适当放大，方便活动，可采用 H/4（臀围放松量为 15 cm），在裤口线上，侧缝收进约 1.5 cm，画出侧缝线。

（2）前衣片：先把原型的腰线与后片腰线进行对位，然后进行结构制图。由于是前门襟开口，在前中放出门襟叠门量 1 cm 至前裆线。横领开大 1 cm（与后领相同），直领开深 3.5 cm，重新画顺领圈。前后肩线相同，与后片相同，胸围减少 0.5 cm，袖窿开深量与后片相同。在腰围线上部定出前片肚省量，腰围线下部的侧缝线形状与长度和前片相同。前片横向弧形分割，形成上部育克、下部裤子，分割线在袖窿处收省 0.3 cm，使缝合后的衣片袖窿处平服，并作出缝制对位记号。

（3）后裆布结构：增加后裆宽度 8 cm，裆布长度延伸至后裤口，后裆布与裤身拼接处的长度必须相等。

（4）前门襟与裤内侧缝贴边：春秋款单层面料制作时前片门襟贴边与前裤内侧缝贴边连为一体，宽度为 2 cm，形状从前片复制即可，见图中的虚线。

（5）袖子荷叶边：荷叶边的长度为袖子缝合长度再增加三分之一，作为抽褶量。

3. 前片展开结构（图 8-2-7）

展开要点：

（1）通过前衣片横向分割线，将前片分为上下两部分，上部为前育克，下部为裤身。

（2）前裤身的碎褶量通过闭合侧缝的省，使分割线上自然张开形成部分碎褶量，再通过把纵向剪开线（剪开线通至裤口），把分割线上的碎褶量增加（裤口宽度不变），最后把前裤身分割线抽碎褶部位往上提 0.3 cm 左右画顺弧线，使抽碎褶后的分割线自然圆顺。

4. 工艺要点

（1）前片拼接：下部前裤身拼接线上的碎褶量，在对位点之间放大针距后抽缩，抽缩后的长度与上部育克拼接线上的对位点对齐车缝。

（2）袖子荷叶边：裁片为直线的一侧是袖子的外侧，采用三折边卷边做光，另一侧用长针距车缝后抽缩，抽缩后的长度与衣片袖窿装荷叶边对位点之间的长度相等即可。

（3）春秋款单层面料制作时，前片门襟及裤内侧缝需要缝制贴边；秋冬款双层面料制作时，则不需要贴边，面布与里布的裁剪相同（面里布均有弹性），在里布左边的腰部侧缝处留出 15 cm 左右不缝合，用于翻膛。

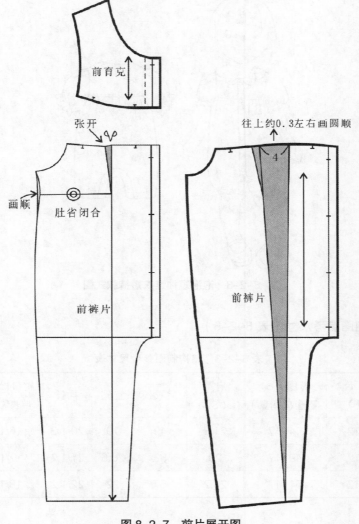

图 8-2-7　前片展开图

（图中标注文字）
前育克
张开
往上约0.3左右画圆顺
画顺
肚省闭合
前裤片
前裤片
4

三、泡泡短袖连衣短裤

款式特点：女童连衣短袖短裤，前翻领为白色撞色，前衣片翻门襟、裆部及裤腿内侧按扣开合，衣身前后育克分割，裤片拼接线放出碎褶量，衣身分割线部位压上白色窄花边；泡泡袖，距袖口边2.5 cm内车窄松紧带，使袖口张开形成木耳状；裤裆及裤腿内侧加裆布，裤口内穿松紧带。款式见图8-2-8。

适合年龄：6个月~2岁（身高60~90 cm）。

适合面料：素色或小花型优质全棉梭织泡泡纱、全棉白色棉布（用于制作领子）。

图 8-2-8　泡泡短袖连衣短裤款式图

1. 结构制图参考尺寸（表 8-2-3）

表 8-2-3　结构制图参考尺寸表　　　　　　　　　　　　单位：cm

身高	胸围（不含褶量）	臀围（H，不含碎褶量）	肩宽（S）	后衣长	直裆	袖长	袖口松紧带长/宽	裤口松紧带长/宽
70	44+12	44+17	21.8	49	19	20/1.2	16/1	26/2
80	48+12	49+17	23	53	20.5	21/1.2	17/1	27/2
90	52+12	54+17	24.2	57	22	22/1.2	18/1	28/2

2. 结构设计（图 8-2-9）

本款以身高为 80 cm 的婴幼儿为例，上衣采用 80/48 的原型进行结构设计，胸围放松量 12 cm。

结构设计要点：

（1）后衣片：因是夏天服装，后肩线不必上提，后直领下降 0.5 cm，横开领加大 1 cm，重新画顺领口线。在原型的胸围上，侧缝处收进 0.5 cm，袖窿开深 1 cm。在侧缝处臀围适当放大，方便活动，可采用 H/4（臀围放松量为 17 cm），在裤口线上，侧缝收进约 1 cm，画出侧缝线。后片横向分割，形成上部育克、下部裤子，分割线在袖窿处收省 0.7 cm，使缝合后的衣片袖窿处平服。

（2）前衣片：先把原型的腰线与后片腰线进行对位，然后进行结构制图。由于是前门襟开口，在前中放出门襟叠门量 1 cm 至前裆线。横领开大量 1 cm（与后领相同），

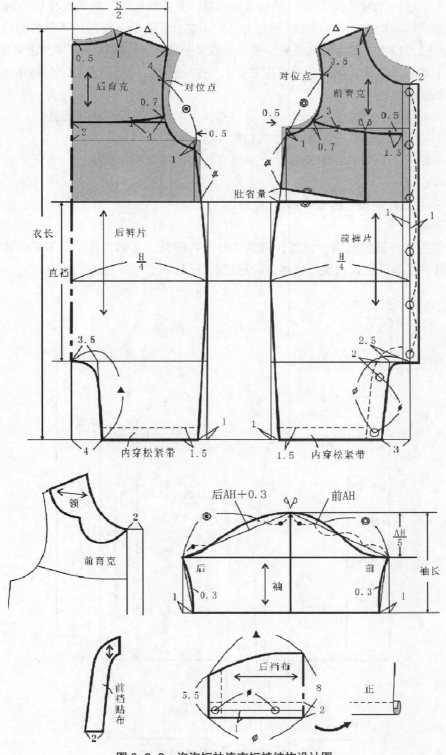

图 8-2-9 泡泡短袖连衣短裤结构设计图

直领开深 2 cm，重新画顺领圈。前后肩线相等，与后片相同，胸围减少 0.5 cm，袖窿开深量与后片相同为 1 cm。在腰围线上部定出前片肚省量，腰围线下部的侧缝线形状与长度和前片相同。前片横向弧线分割，形成上部育克、下部裤子，并作出对位记号。

（3）后裆布结构：增加后裆宽度 8 cm，裆布长度延伸至后裤口，后裆布与裤身拼接处的长度必须相等。

（4）前裆贴边：宽度为 2 cm，形状从前片复制即可，见图中的虚线。

（5）袖子：袖山高采用 AH/4，袖口两侧各收进 1 cm。

（6）领子：只是装在前领圈上，在前衣片上按领子的形状画出，领子的丝缕在肩部为斜丝。

3. 衣片展开结构（图 8-2-10）

展开要点：

（1）后片：通过横向分割线，将后片分为两部分，上部为育克，下部为裤片。通过裤裆线的三等分点作垂线，该线为碎褶量剪开线。

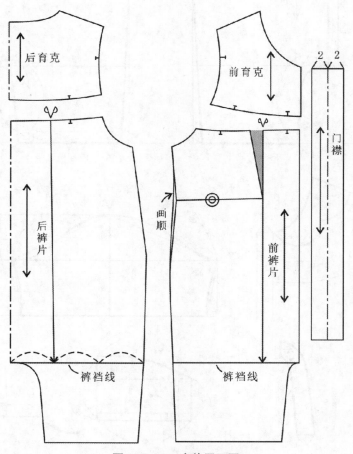

后育克

前育克

2 2

门襟

后裤片

前裤片

画顺

裤裆线

裤裆线

图 8-2-10　衣片展开图

（2）前片：通过横向分割线，将后片分为两部分，上部为育克，下部为裤片。将裤片侧缝上的肚省闭合后，省尖所对应的裤片分割线自然张开，张开的量作为碎褶的一部分，但这部分的褶量作为碎褶是不够的，需另外再增加褶量。从一侧碎褶量处引一条垂线至裤裆线，该线为再增加的碎褶量剪开线。

4. 衣片、袖子碎褶量设计（图 8-2-11）

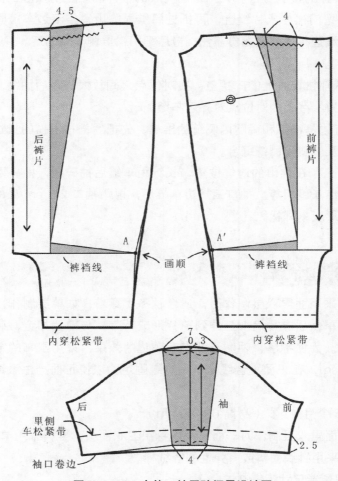

图 8-2-11　衣片、袖子碎褶量设计图

展开要点：

（1）裤片：分别剪开前后裤片碎褶量剪开线至裤裆线，再沿裤裆线水平剪开至侧缝，然后分别按住前后裤片侧缝线上的 A 点和 A′点，转移侧片，使裤片的上口展开 4.5 cm（该量视碎褶量的大小作调整），重新画顺侧缝线。

（2）袖片：沿袖山顶点剪开袖中线至袖口，袖山处放出碎褶量 7 cm，袖口处放出碎褶量 4 cm，重新画直袖口线。

5. 工艺要点

（1）烫黏合衬：前衣片门襟、领面、前裆贴边、后裆布折边（直线一侧）烫黏合衬。

（2）前片工艺

① 下部前裤身拼接线上的碎褶量，在对位点之间放大针距后抽缩，抽缩后的长度与上部育克拼接线上的对位点对齐后车缝；前裆贴边与裤片前裆缝合后翻烫平整。

② 领子与衣片的领圈缝合。先把缝制完成的领片固定在前领圈上，然后按门襟的宽度扣烫门襟，把门襟与衣片缝合，再折进门襟里侧用斜条滚边车缝固定领子缝合线的缝份，采用内滚边将领圈的缝份盖住；最后把门襟里侧车缝固定。

（2）后片工艺

① 后裤身下部拼接线上的碎褶量，在对位点之间放大针距后抽缩，抽缩后的长度与后片上部育克拼接线上的对位点对齐后车缝。

② 后裆布直边是裆部和裤腿内侧缝的里襟，先把后裆布里襟的折边车缝完成，再与后裤片的裆缝及裤腿内侧缝缝合。

（3）袖子工艺：在袖山的对位位置，长针距车缝后抽碎褶，抽碎褶后袖子对位点与衣片袖窿对位点长度相等。袖口三折边车缝后，再距袖口 2.5 cm 处的内侧车窄松紧带，使袖口张开形成木耳状。

四、男童背心式连衣裤

款式特点：采用面里双层制作时，适合秋冬季穿着，如单层制作，适合春秋季穿着。款式结构简单，后衣片肩部延伸到前片形成背带，与前片扣合，肩带的扣子可以调节衣服的长度。为使袖窿、领圈及背带有滚边的效果，采用里布的缝份放大，缝制后往外推出 0.3 cm，在正面缝合线处车漏露缝固定，以使正面产生滚边的效果。款式见图 8-2-12。

适合年龄：6 个月 ~2 岁（身高 60~90 cm）。

适合面料：面里双层制作时，面料采用针织卫衣面料、里料采用单罗纹针织面料。单层制作时，可采用针织面料或有弹性的舒绒棉。

1. 结构制图参考尺寸（表 8-2-4）

表 8-2-4 结构制图参考尺寸表   单位：cm

身高	胸围（B）	臀围（H）	小肩宽（定数）	后衣长	直裆	裤口罗纹长/宽
70	44+14	64	5	60	20	19/4
80	48+14	69	5.5	66	21	20/4.5
90	52+14	74	6	72	22	21/5

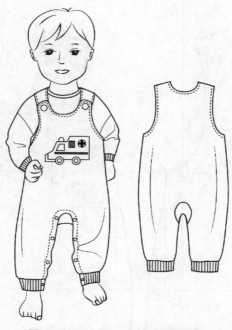

图 8-2-12　背心式连衣裤款式图

2. 结构设计（图 8-2-13）

结构设计过程见视频 8-2-1；结构完成图见视频 8-2-2；前后裤片肩带闭合方法见视频 8-2-3。

本款以身高为 90 cm 的婴幼儿为例，上衣采用 90/52 的原型进行结构设计，胸围放松量 14 cm。

结构设计要点：

（1）后衣片：考虑后背内衣的厚度，后肩线上提 1.5 cm，由于是背心式，后直领下降 1.5 cm，横开领加大 1 cm，重新画顺领口线。因为原型的胸围放松量是 14 cm，与本款相同，原型胸围不变；袖窿开深 5 cm。在臀围线上采用 H/4，在裤口线上，侧缝收进约 1.2 cm，画出侧缝线。后裆弯挖出一近似半圆的形状，用于和后裆布缝合。

（2）前衣片：先把原型的腰线与后片腰线进行对位，然后进行结构制图。横领开大量 1 cm（与后领相同），根据背心款式直领开深 6 cm，重新画顺领圈。前后肩线长度相等，前胸围宽度不变，袖窿深与后片袖窿底点的水平延长线进行对位，侧缝线的制图方法与后片相同。

（3）后裆布结构：因后裆布与后裤片的裆弯缝合，故两者长度必须相等。

（4）前裆贴边和后裆贴边：因要与裆弯开合，故形状要一致，前、后裆贴边的形状均从前裆弯处复制，宽度为 2 cm 宽，见图中的虚线。视频款是采用面里双层制作，故前裆不需要贴边。

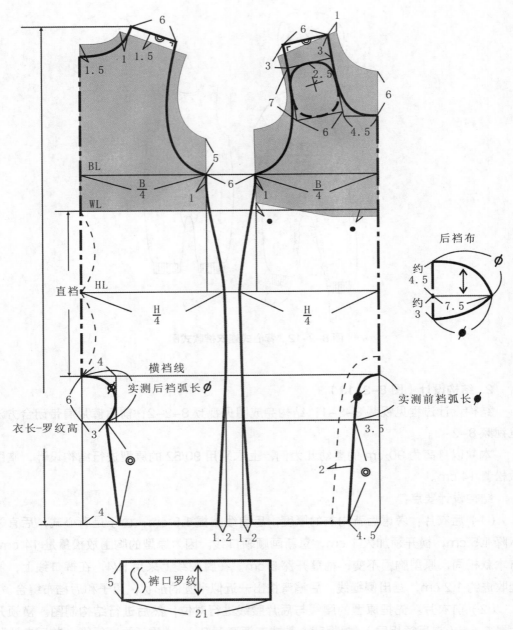

图 8-2-13　背心式连衣裤结构设计图

视频 8-2-4

3. 放缝图（图 8-2-14）

"放缝要点"见视频二维码 8-2-4。

（1）面布放缝：前后衣片、后裆布、后裆贴边，各处均放缝 0.7 cm。

（2）后片里布放缝：后片的后领圈、背带及袖窿的放缝，在面料放缝的基础上，再增加 0.5 cm 的滚边放量；其余部位放缝量与面布相同。

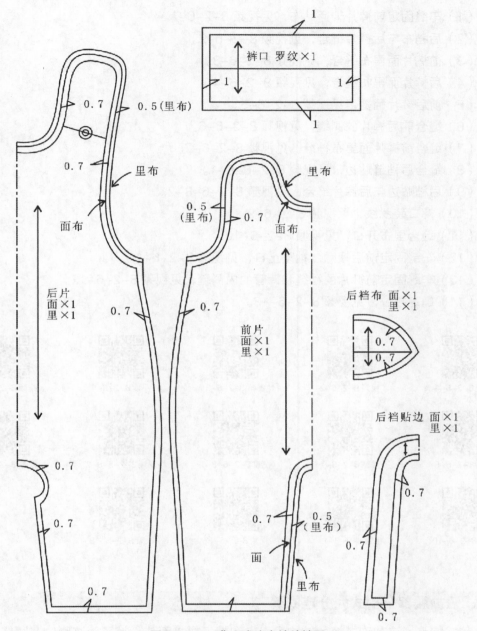

図8-2-14 背心式連衣裤放缝图

（3）前片里布放缝：前片的前领圈、背带、袖窿以及前裆内侧缝的放缝，在面料放缝的基础上，再增加0.5 cm的滚边放量；其余部位放缝量与面布相同。

4. 缝制制作步骤及方法

缝制完成后成衣介绍见视频8-2-5。

视频8-2-5

（1）车缝固定前裤片卡通贴布，见视频 8-2-6-1。

（2）后裆布与后裤片缝合，见视频 8-2-6-2。

（3）前裤片面里布缝合，见视频 8-2-6-3。

（4）后裤片面里布缝合，见视频 8-2-6-4。

（5）前后裤片翻烫，见视频 8-2-6-5。

（6）缝合前后裤片的侧缝，见视频 8-2-6-6。

（7）缝合前裤片面里布裆缝，见视频 8-2-6-7。

（8）缝合后裆缝贴边，见视频 8-2-6-8-1。

（9）后裆贴边与后裤片缝合，见视频 8-2-6-8-2。

（10）裤口装罗纹，见视频 8-2-6-9。

（11）缝合里布开口，见视频 8-2-6-10。

（12）车缝固定前后领圈、袖窿止口，见视频 8-2-6-11。

（13）车缝固定前裤片的裆缝和裤管的内侧缝，见视频 8-2-6-12。

（14）确定扣位，见视频 8-2-6-13。

视频 8-2-6-1　　　视频 8-2-6-2　　　视频 8-2-6-3　　　视频 8-2-6-4　　　视频 8-2-6-5

视频 8-2-6-6　　　视频 8-2-6-7　　　视频 8-2-6-8-1　　　视频 8-2-6-8-2　　　视频 8-2-6-9

视频 8-2-6-10　　　视频 8-2-6-11　　　视频 8-2-6-12　　　视频 8-2-6-13

五、短袖腰部分割式九分连衣裤

款式特点：该款连衣裤的结构由上衣和裤子拼接而成，裤子为高腰位，腰线下方前后身的左右片各设计两个褶裥，裤内侧缝采用按扣开合，方便婴童更换尿不湿。连衣裤的前门襟开口至裤片，领圈为滚边，裤子长度为九分裤。款式见图 8-2-15。

适合年龄：1.5~4 岁（身高 80~100 cm）。

适合面料：针织面料或薄型全棉优质梭织面料。

图 8-2-15　短袖腰部分割式九分连衣裤款式图

1. 结构制图参考尺寸（表 8-2-5）

表 8-2-5　结构制图参考尺寸表　　　　　　　　　　　　单位：cm

身高	胸围（B）	臀围（H）	前裤长	袖长	直裆	袖口围	裤口围
80	48+10	48+16	63	7	19	25	27
90	52+10	52+16	69	7.5	20	26	28
100	56+10	56+16	75	8	21	27	29

2. 结构设计步骤一：裤身部分

本款以身高为 90 cm 的婴幼儿为例，上衣采用 90/52 的原型进行结构设计，胸围放松量 10 cm。结构设计见图 8-2-16。

结构设计要点：

（1）先绘制前裤片：延长原型的前衣片水平腰线，按裤子基本型结构制图原理绘制前裤片，裤子长度从原型衣片的侧颈点往下量取前裤长。

（2）绘制后裤片：延长前裤片的腰围线，按裤子基本型结构制图原理绘制后裤片，然后将后裤片的斜腰线与后衣片原型的腰线重叠，画出原型衣片。注意：衣片的后中线与后裤片的后裆斜线成为一条直线，裤子的后翘量约 2 cm。

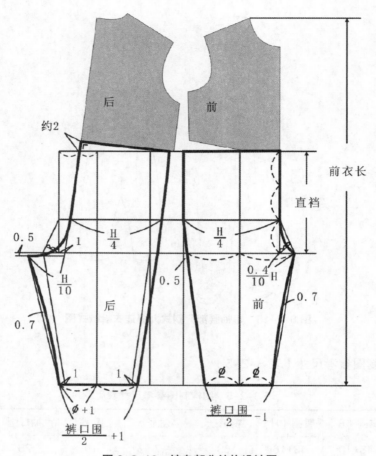

图 8-2-16　裤身部分结构设计图

3. 结构设计步骤二：衣片及袖子部分（图 8-2-17）

（1）裤子腰线调整：前后裤片的腰围线同时提高 4 cm，即缩短了衣片的长度。

（2）裤片内侧缝的贴边布和里襟布：前裤片内侧缝贴边宽度 1.5m，用于装扣子的门襟。后裤片内侧缝的里襟布的宽度为 1.5m。

（3）衣片结构：前后衣片的领圈开大 1 cm，后领深加深 1.5 cm，前领深加深 2 cm；按照前肩点确定前后肩宽，要求等长；前后胸围均收进 1 cm，使胸围达到 10 cm 的放松量；前后袖隆均下降 1 cm，重新画顺袖隆弧线，前后衣片的侧缝线下端均放大 0.3 cm，前后侧缝线的长度必须相等，前衣片的腰线呈水平弧线。

（4）袖子：采用低袖山袖型结构，袖山高直接采用定数 4.5 cm，或采用 $\dfrac{AH}{5} \sim \dfrac{AH}{6}$ 计算。

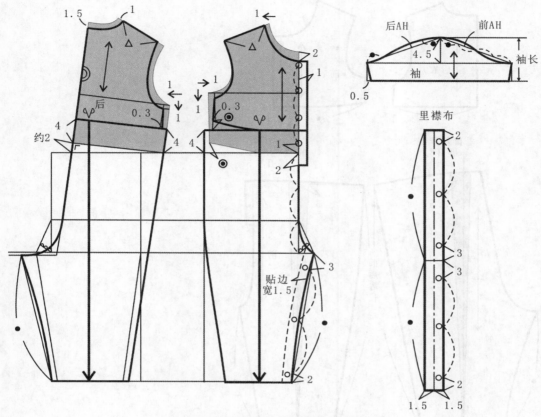

图 8-2-17　衣片及袖子部分结构设计图

4. 连衣裤展开结构（图 8-2-18）

要点：

（1）通过腰围线，将连衣裤分为衣片和裤子两部分。

（2）裤子腰部褶裥量分别通过剪开前后挺缝线至裤口，在腰部放出所需褶裥的量，本款褶裥量设计为 3.5 cm。

5. 裤子腰部褶裥量位置的确定

裤子腰部褶裥量的确定见图 8-2-19。

6. 工艺要点

（1）烫黏合衬：衣片和裤片的前门襟贴边烫 2.5 cm 宽的黏合衬，前裤片内侧缝的门襟贴边烫 3 cm 宽的黏合衬，后裤片的里襟全烫黏合衬。

（2）裤片内侧缝门里襟及裤口工艺见图 8-2-20。

① 后裤片的内侧缝装里襟，里襟先扣烫闷缝再夹住后裤片的内侧缝缝份车缝固定。前裤片的内侧缝门襟，三折边缝制固定。

② 裤口三折边，分别为 1 cm 和 2 cm 宽，车缝固定裤口。最后按扣位装上扣子。

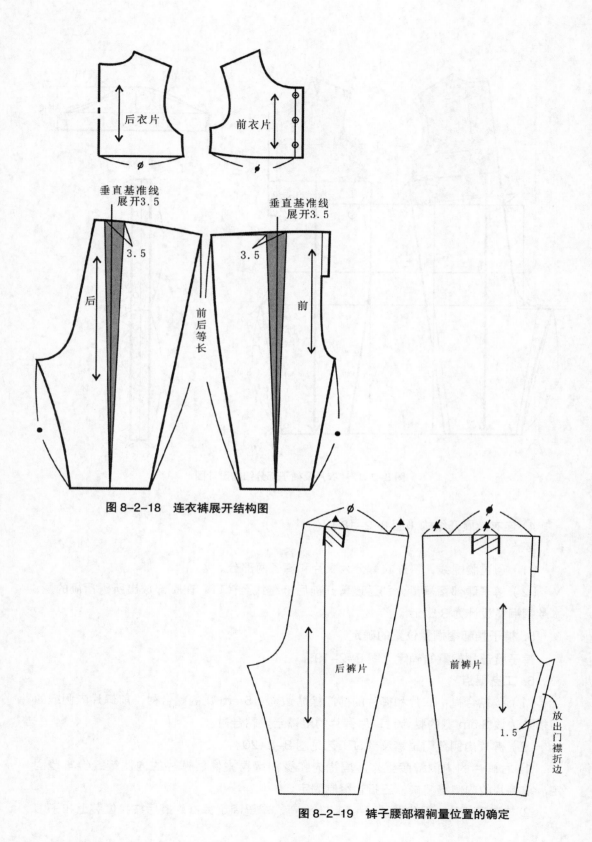

后衣片

前衣片

垂直基准线
展开3.5

3.5

垂直基准线
展开3.5

3.5

后

前后等长

前

图 8-2-18　连衣裤展开结构图

后裤片

前裤片

1.5

放出门襟折边

图 8-2-19　裤子腰部褶裥量位置的确定

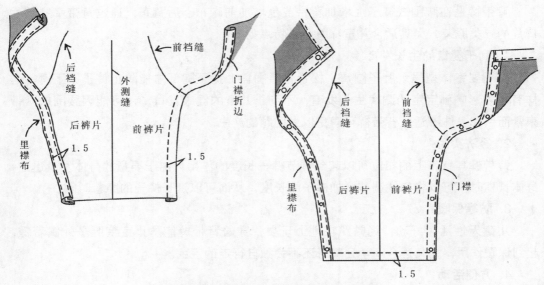

图 8-2-20　裤子内侧缝及裤口工艺图

第三节　背带裤结构设计与工艺

本节内容提要：

（1）背带短裤

（2）九分背带裤

（3）背带长裤

（4）牛仔式背带长裤

背带裤是在腰围式裤子上增加背带或是增加前胸布、后背布，通过背带牵制前后裤片的一类服装，尤其适合儿童穿着。其特点如下：

1. 利于婴童的生长发育

由于婴童体型呈现肚子圆滑，松紧带腰围需上提至胸部才能防止裤子不下滑，这样有可能影响到宝宝的胸廓生长发育，不利于儿童的健康发育，还可能因腰围松紧带束紧而引起身体不适。背带裤可避免以上问题的产生。

2. 经济实用

背带裤其背带上的扣位可以起到调节裤子长度的作用，由于婴童的身体发育迅速，身体长高时，可以将扣位调节增加裤子的长度，从而可以延长裤子的穿着时间。

3. 防寒保暖

儿童天性活泼好动，经常趴在地上玩耍，穿着背带裤能防止宝宝肚子外露着凉，起到保暖作用，尤其适合刚学会爬行还不会独自行走的宝宝。

4. 方便活动

儿童好动，活动量大，动作幅度也大，如果衣服穿着太累赘，会牵绊到宝宝的行动，背带裤把衣服都束在里面，显得干净利索，方便玩耍。

5. 适合宝宝年龄特点

背带裤的造型活泼可爱，穿上行走自如，尤其适合婴童的年龄特点，使宝宝显得更加可爱。

一、背带短裤

款式特点：此款背带短裤为无腰线分割，造型简洁，前片设计大口袋；为方便穿脱，在腰部的外侧缝两侧作开口设计；如是需用尿不湿的小婴童，可在裤管的内侧缝设计开口，按扣开闭方便更换尿不湿；不用尿不湿的中童，为增加实用性，采用前裆线上开口的工艺，开口内加门里襟布。款式见图 8-3-1。

适合年龄：1.5~6 岁（身高 80~120 cm）。

适合面料：针织卫衣面料、薄型水洗牛仔布、素色全棉卡其、纱卡等。

1. 结构制图参考尺寸（表 8-3-1）

表 8-3-1　结构制图参考尺寸表

单位：cm

身高	裤长（腰线至裤口）	直裆	臀围（H）	裤口围	背带宽
80	26	18	48+16	38	2
90	27.5	19	52+16	40	2
100	29	20	56+16	42	2
110	30.5	21	60+16	44	2

图 8-3-1   背带短裤款式图

2. 结构设计

本款以身高为 90 cm 的婴幼儿为例，上衣采用 90/52 的原型进行结构设计。

（1）裤身结构设计见图 8-3-2。

结构设计要点：

① 按照先前片再后片的制图顺序进行。

② 前后臀围大均采用 H/4。

③ 前后腰围尺寸对齐原型侧缝线即可。

④ 由于是短裤，后裆需低落 2.5 cm；前裆宽采用 0.4H/10，后裆宽采用 H/10。

⑤ 前后裤口分别采用裤口围/2 − 2 cm、裤口围/2 + 2 cm。

⑥ 若是需用尿不湿的婴童，可在裤管的内侧缝设计开口，结构参照"九分背带裤"图 8-3-7。不用尿不湿时，采用前裆缝上设计开口，开口尺寸视身高作适当调整，开口内加上门襟和里襟。

（2）前后贴边及部件结构见图 8-3-3。

结构设计要点：

① 前后贴边分别从前后裤片的上口复制。

② 部件结构包含口袋、侧缝开口里襟、前裆缝开口门里襟。

3. 放缝（图 8-3-4）

放缝要点：

除裤口、袋口贴边放缝 3 cm，前裤片的侧缝开口放缝 2.5 cm 外，其余均放缝 1 cm。

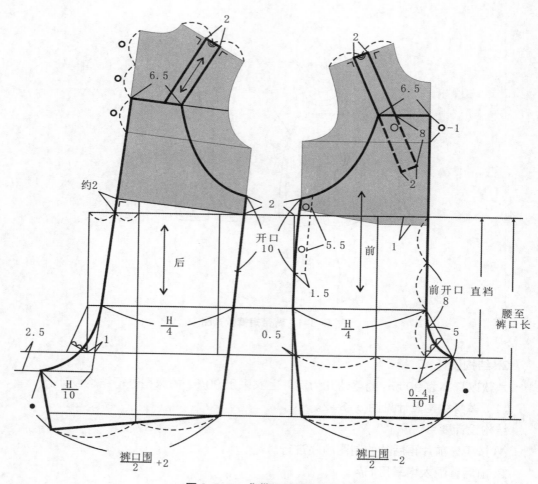

图 8-3-2　背带短裤结构设计图

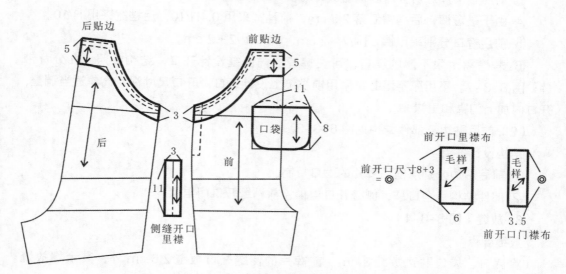

图 8-3-3　前后贴边及部件结构设计图

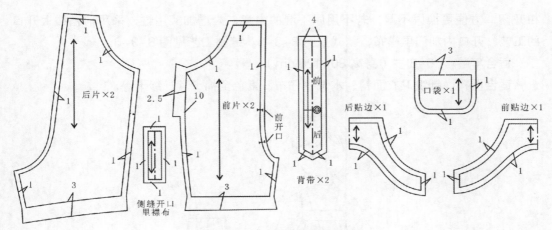

图 8-3-4　背带短裤放缝图

4. 缝制工艺要点

（1）若是需用尿不湿的婴童，可在内侧缝设计开口，用按扣开合，方便更换尿不湿，具体工艺见本章第二节图 8-2-20。

（2）不用尿不湿时，采用前裆开口上开洞的工艺，洞内加垫开口门、里襟布，见图 8-3-5。

① 缝合里襟布：里襟布斜裁，先把三侧三线包缝，按裤裆线的弧度稍稍拉伸一下没有三线包缝的一侧，使里襟与右前裤片正面相对，按 1 cm 缝份车缝开口，然后将里襟布向缝份一侧折叠。

② 缝合门襟布：门襟布也斜裁，先把三侧三线包缝，按裤裆线的弧度稍稍拉伸一下没有三线包缝的一侧，使门襟与左前裤片正面相对，按 0.8 cm 缝份车缝开口，然后将门襟布向反面折转。

③ 缝合前裤片中线：将前裤片左右正面相对，留下开口部分，其余均按 1 cm 缝份车缝。

④ 固定里襟布：把里襟布按 2 cm 折转，在右片的开口上车缝固定里襟布的另一侧。

⑤ 固定门襟布：在左前片正面，把里襟布掀开后，按 1.5 cm 在开口处车缝固定门襟布。

⑥ 固定开口上下端：把里襟布放平后，在左前片正面的开口上下端回针固定，里襟布也固定住。

二、九分背带裤

款式特点：此款背带裤为九分长度，前后裤子的上端抽碎褶，用长方形的窄条前胸部、后背部将其固定，腰部宽松，两侧用松紧带固定，方便穿脱；裤子内侧缝用按扣开闭，方便更换尿不湿，若不用尿不湿的中童，为增加实用性，采用前裆线上开口的工艺，开口内加门里襟布，款式见图8-3-5。缝制工艺见图8-3-6。

适合年龄：1.5~6岁（身高80~120 cm）。

适合面料：针织卫衣面料、水洗牛仔布、素色全棉卡其、纱卡等。

图　8-3-5　九分背带裤款式图

1. 结构制图参考尺寸（表8-3-2）

表8-3-2　结构制图参考尺寸表

单位：cm

身高	裤长（腰线至裤口）	直裆	臀围（H）	裤口围	背带宽
80	41	18	48+18	28	2.5
90	43.5	19	52+18	30	2.5
100	46	20	56+18	32	2.5
110	48.5	21	60+18	34	2.5

2. 结构设计（图8-3-7）

本款以身高为90 cm的婴幼儿为例，上衣采用90/52的原型进行结构设计。

3. 结构设计要点

（1）臀围总放松量为18 cm，属于较为宽松的款式，前后臀围均采用H/4。

（2）腰部宽松，前后各比臀围大1 cm。

（3）裤子的内侧缝，采用按扣开闭设计时，前片为门襟，宽度为1.5 cm（裤片延

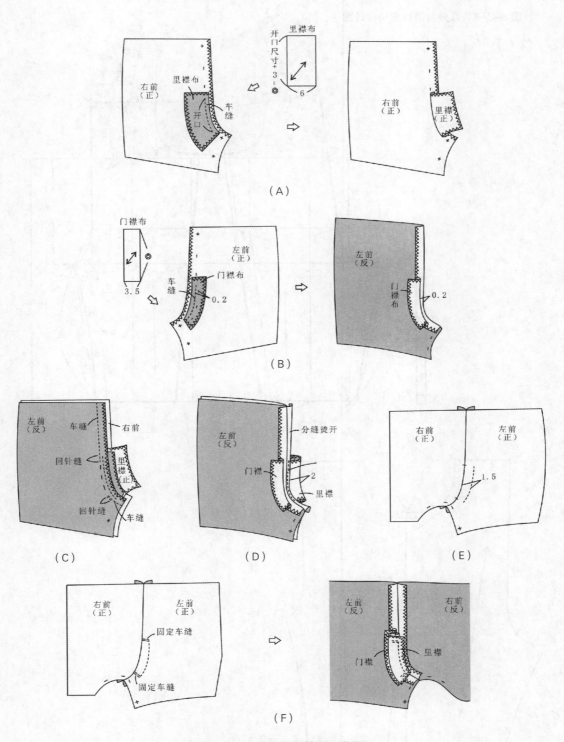

图 8-3-6　前裆开口缝制工艺图

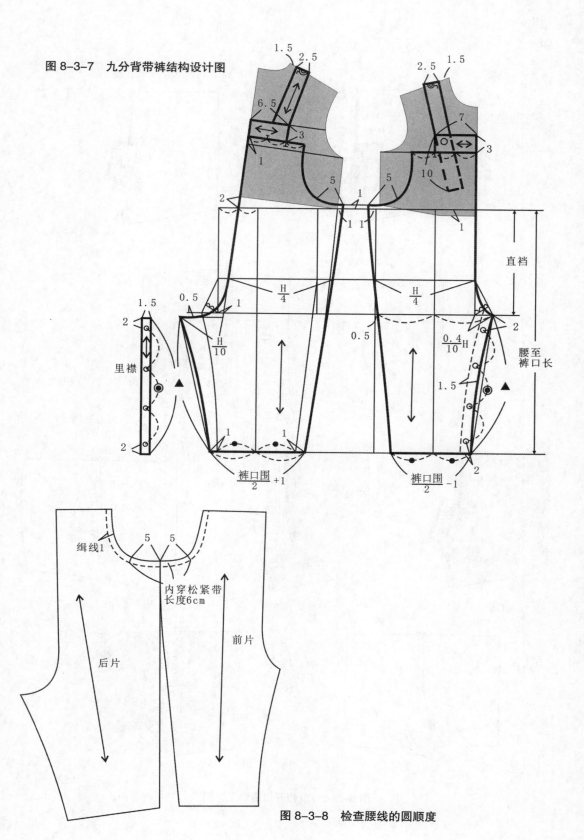

图 8-3-7　九分背带裤结构设计图

1.5　　2.5

6.5

3

1

2.5　　1.5

7

3

1

10

2

5　　5

1

1　1

1

直裆

0.5　　1

$\dfrac{H}{4}$

$\dfrac{H}{4}$

1.5

2

0.5

$\dfrac{H}{10}$

0.5

$\dfrac{0.4}{10}H$

2

里襟

▲

▲

1.5

2

1　　1

$\dfrac{裤口围}{2}+1$

$\dfrac{裤口围}{2}-1$

2

腰至裤口长

缉线1

5　5

内穿松紧带
长度6cm

后片

前片

图 8-3-8　检查腰线的圆顺度

伸裁剪）；后片装里襟布，另外裁剪长条里襟布。

（4）腰两侧内穿松紧带，需先检查前后侧缝线拼合后腰线的圆顺度，见图8-3-8。

4. 放缝

九分背带裤的放缝见图8-3-9。

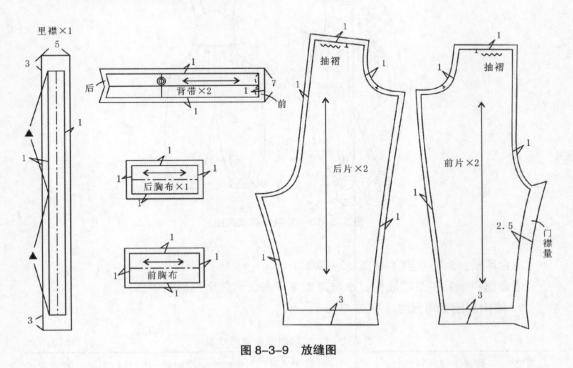

图8-3-9　放缝图

5. 工艺要点

（1）烫黏衬部位：背带、前胸布、后背部、前片内侧缝贴边、后片内侧缝里襟布。

（2）腰两侧内穿松紧带：穿松紧带部位总长10 cm（前后各5 cm），内穿6 cm长的松紧带。

（3）前后片内侧缝门襟和里襟的缝制工艺见图8-3-5。

三、背带长裤

款式特点：此款背带长裤的长度至脚踝，裤口松紧带收缩；腰臀部宽松，整体呈萝卜裤造型。前后裤片高腰位横向分割，在分割线上部形成前胸布和后背布，背带连接前胸布和后背布，裤身的腰线处褶裥设计，左右两侧的腰部用松紧带收缩，方便穿脱；裤子内侧缝用按扣开闭，方便更换尿不湿，若不用尿不湿的中童，为增加实用性，采用前裆线上开口的工艺，开口内加门里襟布，缝制工艺见图8-3-6。款式见图8-3-10。

图 8-3-10 背带长裤款式图

适合年龄：1.5~6 岁（身高 80~120 cm）。

适合面料：针织卫衣面料、水洗薄型牛仔布、素色全棉面料等。

1. 结构制图参考尺寸（表 8-3-3）

表 8-3-3 结构制图参考尺寸表 单位：cm

身高	裤长（腰线至裤口）	直裆	臀围（H，不含加放的褶裥量）	裤口围	背带宽
80	46	18	48+16	28	2
90	49	19	52+16	30	2
100	51	20	56+16	32	2
110	54	21	60+16	34	2

2. 结构设计（图 8-3-11）

本款以身高为 90 cm 的婴幼儿为例，上衣采用 90/52 的原型进行结构设计。

3. 结构设计要点

（1）臀围基本放松量为 16 cm，前后臀围均采用 H/4。

（2）裤身高腰位分割，在分割线的外侧，后片收去 0.3 cm、前片收去 0.7 cm。

（3）裤子的内侧缝，采用按扣开闭设计时，前片为门襟，宽度为 1.5 cm（裤片延伸裁剪）；后片装里襟布，另外裁剪长条里襟布。若是不用尿不湿的儿童穿着，内侧缝直接缝合，从实用性考虑，在前裆线作开口设计，参照图 8-3-2。

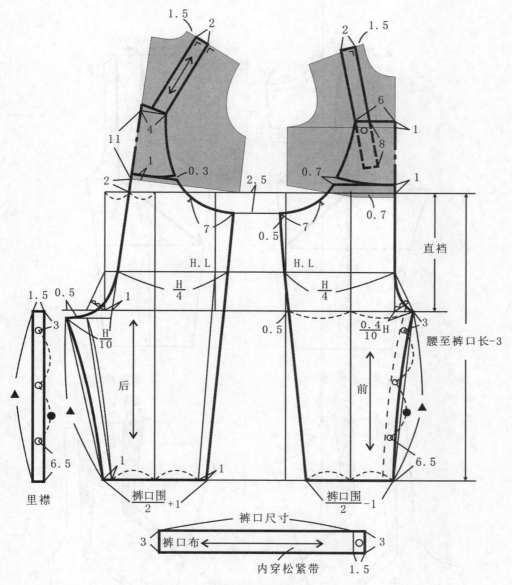

图 8-3-11 背带长裤结构设计图

（4）腰两侧内穿松紧带，位置在前后侧缝各 7 cm 处。

4. 腰部褶裥量设计（图 8-3-12）

（1）分别在前后裤片上设计褶裥量的剪开线，剪开线呈折线，剪至侧缝。

（2）根据设计，此款每个褶裥量为 3.5 cm，剪开线的止点侧缝处的长度不变，需重新画顺侧缝线。

5. 放缝（图 8-3-13）

放缝要点：裤身腰部的褶裥倒向外侧，通过折叠褶裥后再剪出腰线的形状。

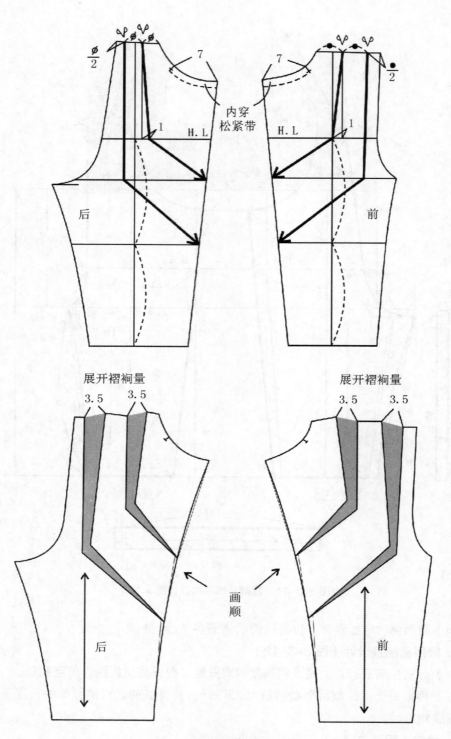

图 8-3-12　腰部褶裥量设计

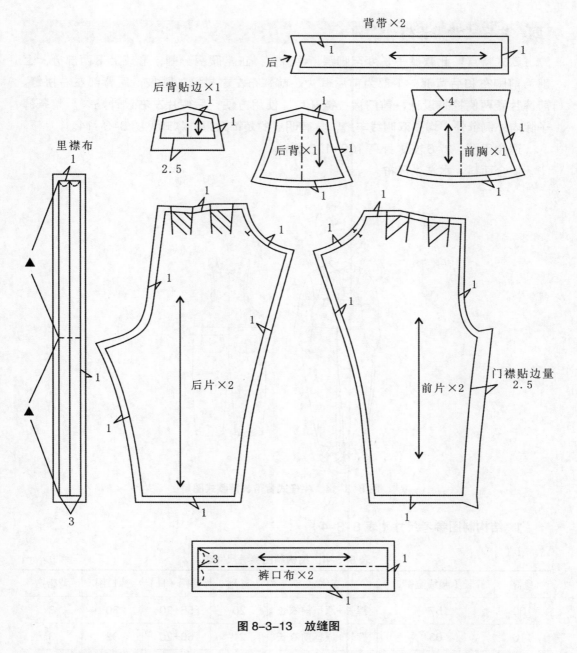

图 8-3-13　放缝图

6. 工艺要点

（1）后背贴边（另外裁剪衣片）、前胸贴边 4.5 cm（前胸连裁出）、背带全部、前裤片内侧缝贴边、后裤片侧缝里襟布。

（2）腰两侧内穿松紧带：穿松紧带部位总长 14 cm（前后各 7 cm），内穿 8 cm 长的松紧带。

（3）前后片内侧缝门襟和里襟的缝制工艺见本章第二节图 8-2-20。

款式特点：此款裤子长度至脚踝，平裤口，正常腰围分割，形成上下两部分，上部为前胸布和后背部，下部为前后裤片。前胸布左右拼缝加贴袋，后背部左右拼缝。前裤片腰两侧挖袋设计，前门襟拉链开口，使用方便；后裤片左右设计贴袋。整条裤子除内外侧缝外，均是双明线车缝，具有明显的装饰效果。款式见图8-3-14。

适合年龄：3~6岁（身高100~120 cm）。

适合面料：水洗牛仔布。

图8-3-14　牛仔式背带长裤款式图

1. 结构制图参考尺寸（表8-3-4）

表8-3-4　结构制图参考尺寸表　　　　　　　　　　　　　　单位：cm

身高	裤长（腰线至裤口）	前总长	直裆	臀围（H）	裤口围	背带宽
100	57	裤长+原型前衣长	20	56+20	30	3
110	63	裤长+原型前衣长	21	60+20	32	3
120	69	裤长+原型前衣长	22	64+20	34	3

2. 结构设计

本款以身高为120 cm的婴幼儿为例，上衣采用120/60的原型进行结构设计。

（1）裤身结构设计见图8-3-15。

（2）零部件结构设计见图8-3-16。

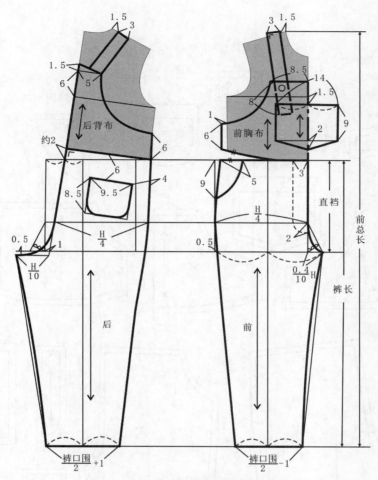

图 8-3-15　牛仔式背带长裤结构设计图

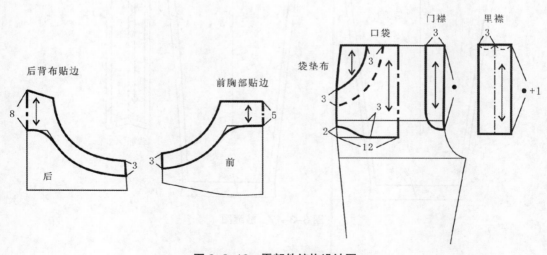

图 8-3-16　零部件结构设计图

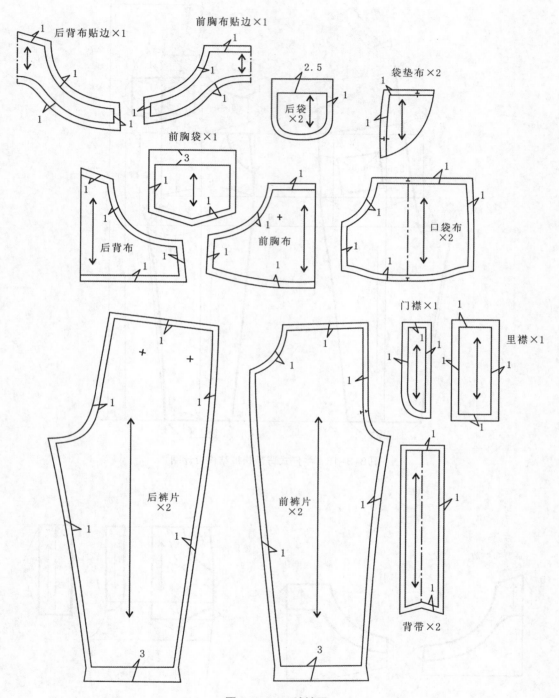

图 8-3-17　放缝图

3. 结构设计要点

（1）按基础型裤子的结构制图方法进行制图，前后臀围宽均按H/4，前裆宽0.4/10H，后裆宽"H/10"，裤子后翘约2 cm。

（2）分别在前后裤子腰围线上，放置原型前后衣片，要求原型的腰围线与裤子的腰围线重叠，原型后中线与后裤片的后裆斜线处于一条直线上。

4. 放缝（图8-3-17）

5. 工艺要点

（1）烫黏合衬部位：前胸布贴边、后背布贴边、拉链门襟、背带。

（2）整条裤子除内外侧缝外，均是双明线车缝。

第四节　连衣裙基础款结构设计与工艺（附带视频）

本节内容提要：

（1）背心裙基础款和应用款

（2）低腰连衣裙基础款

（3）低腰连衣裙应用款

（4）高腰连衣裙基础款

（5）高腰连衣裙应用款

连衣裙是女童的常用品类，基础款连衣裙主要分析背心裙的结构设计，因婴幼儿的凸肚体型特点，连衣裙造型主要为A型。其中有腰线分割的连衣裙按腰节的高低分为高腰裙、中腰裙、低腰裙，一般年龄较小的儿童适合高腰节连衣裙和无腰节连衣裙，年龄较大的儿童，尤其是少女可以考虑略收腰的连衣裙。

本节连衣裙的结构设计是针对无领无袖的基础款，及其简单应用款的制图方法，根据面料、季节等考虑开口的设置，分析几种基本的缝制工艺步骤、工艺要点等，重点讲解常用领圈和袖圈的收边处理工艺。

一、背心裙基础款和应用款

　　款式特点：此款无袖圆领背心裙为 A 字造型，简洁实用。这里介绍两个在外型上很相似但结构和工艺却有不同之处的基础款和应用款。款式见图8-4-1，其中图8-4-1（A）为背心裙基础款，图8-4-1（B）为背心裙应用款。

　　图8-4-1（A）是在衣片原型基础上变化较少的一款，是领圈和袖窿基本不变、保留后肩省、后中开拉链的背心裙基础款，领圈和袖窿一般用贴边工艺。

　　图8-4-1（B）应用款是考虑面料和季节等因素，在衣片原型基础上有变化，取消后肩省，考虑裙子较宽松，只在后领圈开口，满足穿时套头的需求，领圈和袖窿使用滚边工艺。

　　适合年龄：1～12岁。

　　适合面料：棉布、麻料、丝绸以及各种混纺材质的梭织、针织面料都可以。

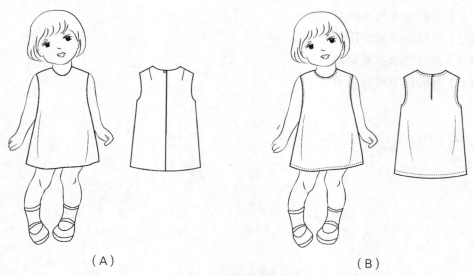

（A）　　　　　　　　　　　　　　　　　（B）

图8-4-1　背心裙基础款及应用款

1. 背心裙基础款结构设计参考尺寸（表 8-4-1）

单位：cm

表 8-4-1　结构制图参考尺寸表

身高	后衣长	胸围（B）	下摆围	肩宽
90	40	52+14=66	92	28
100	45	54+14=68	94	29
110	50	56+14=70	96	30

2. 背心裙基础款结构设计

本款以身高为 90 cm 的婴幼儿为例，进行结构制图，详见图 8-4-2、视频 8-4-1。
结构设计要点：

视频 8-4-1

（1）后衣片：见图 8-4-2，拷贝 90/52 的后衣片原型，延长后中线，确定后中长、拉链开口止点，在肩线上确定后肩省的位置和大小，胸围、后领圈、后袖窿大小不变。根据幼儿体型特点和造型设计需要，下摆在侧缝处展开 2 cm，在后背宽附近加纵向展开线，如图展开 3 cm。

（2）前衣片：延长后腰线，拷贝前衣片原型，领圈、胸围不变，考虑幼儿体型的溜肩特点，外肩点下落 0.5 cm，如图画顺前肩线。为调节肚凸量，前袖窿在腋下点下落 1.5 cm，画顺前袖窿弧线。下摆在侧缝处展开 4 cm，在前胸宽附近加纵向展开线，如图展开 4 cm。

（3）核对确认前后肩线、侧缝的长度和袖窿、下摆的造型。

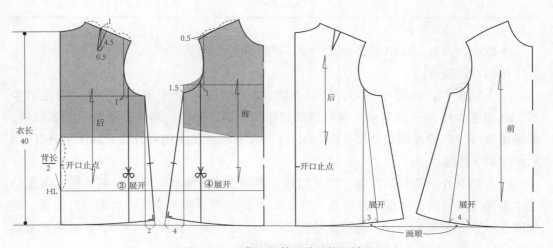

图 8-4-2　背心裙基础款结构设计图

3. 背心裙应用款结构设计（图 8-4-3）

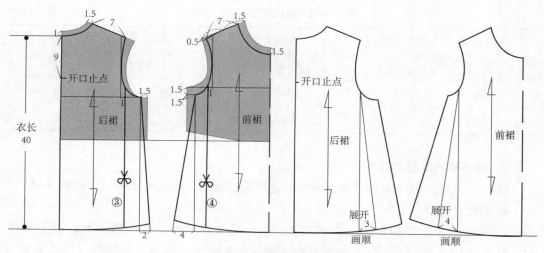

图 8-4-3　背心裙应用款结构设计图

背心裙应用款结制图参考尺寸见表 8-4-2。

表 8-4-2　结构制图参考尺寸表　　　　　　　　　　　　　　单位：cm

身高	后衣长	胸围（B）	下摆围	肩宽
90	40	52+8=60	86	24
100	45	54+8=62	88	25
110	50	56+8=64	90	26

本款以身高为 90 cm 的婴幼儿为例，进行结构设计。

结构设计要点：

（1）后衣片：如图 8-4-3，拷贝 90/52 的后衣片原型，延长后中线，确定后中长、后领圈大小及开口止点；根据款式和季节，确定胸围、肩宽，画顺后领圈弧线、后袖窿弧线，下摆在侧缝处展开 2 cm，在后背宽附近加纵向展开线，如图展开 3 cm 后画顺后下摆弧线。

（2）前衣片：延长后腰线，拷贝前衣片原型，确定胸围、肩宽、前领圈，考虑幼儿体型的溜肩特点，原型的外肩点下落 0.5 cm，如图画顺前肩线；为调节肚凸量，前袖窿在腋下点下落 1.5 cm，画顺前袖窿弧线。下摆在侧缝处展开 4 cm，在前胸宽附近加纵向展开线，如图展开 4 cm 后画顺前下摆弧线。

（3）核对确认前后肩线、侧缝的长度，袖窿、下摆的造型。

4. 背心裙应用款放缝要点

（1）如图8-4-4，衣片的前中、后中不加缝份，前后领圈、前后袖窿弧线放缝0.8 cm，肩线、侧缝放缝1 cm，衣片下摆放2 cm。

（2）如图，扣襻、后领开口滚条、袖窿滚条、领圈滚条都是斜裁，3 cm左右宽。

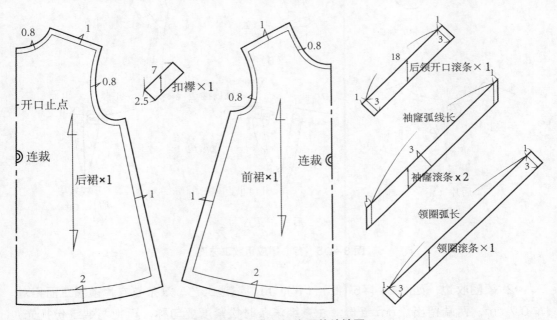

图8-4-4　背心裙应用款放缝图

5. 缝制工艺步骤

缝制后领圈开口—缝合肩缝—领圈滚边—缝合侧缝—袖窿滚边—底摆折边—钉扣整烫

6. 背心裙应用款缝制工艺要点

（1）袖窿工艺见图8-4-5（A）、（B）、（C）。

① 拼接袖窿滚条，如图8-4-5（A），滚条拼接处为直丝，缝份1 cm，分缝烫平，要注意核对袖窿弧长与滚条的长度一致。

② 绱袖窿滚条，如图8-4-5（B）、（C），滚条与衣片正面相对车0.7 cm，把滚条的拼接位置放在袖窿腋下点偏后，袖窿松紧匀称；再修剪缝份到0.5 cm，袖窿弧线处打斜向剪口，然后在滚条上压一条0.1 cm暗线，最后在滚边的另一侧压袖窿明线，距边0.6 cm。

（2）领圈工艺见图8-4-5（D）、（E）、（F）。

① 缝制后领圈开口，如图8-4-5（D）、（E），剪开后衩到开口止点，把车好的扣襻（也可以用细松紧带）车缝在左领圈净线位置上，回针固定0.5 cm；再用滚边工艺缝制开衩，开口止点在内侧车三角。

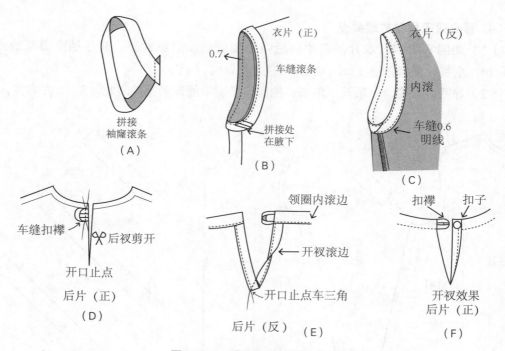

图 8-4-5　背心裙应用款工艺图

② 领圈收边，如图 8-4-5（E）、（F），用内滚边工艺。滚条与衣片领圈正面相对车 0.7 cm，两端留出 1 cm 缝份，注意绱滚条时松紧度要匀称，再把两端缝份折光，衣片反面朝上，在滚边上压领圈明线。

③钉扣，如图 8-4-5（F），在后片领圈的右侧钉一颗与扣襻大小匹配的扣子。

二、低腰连衣裙基础款

款式特点：此款低腰连衣裙是一款横向有分割线、腰线落到胯部左右位置、后中绱拉链的基础款背心裙，裙片加碎褶，造型活泼可爱。款式见图 8-4-6。

适合年龄：1~6 岁。

适合面料：薄或中等厚度的棉布、麻料、丝绸以及混纺材质的面料。

1. 结构制图参考尺寸（表 8-4-3）

表 8-4-3　结构制图参考尺寸表　　　　　　　　　　　　　单位：cm

身高	后衣长	胸围（B）	下摆围	肩宽
100	45	54+14=68	124	28
110	50	56+14=70	126	29
120	55	60+14=74	122	30

图 8-4-6　低腰连衣裙基础款

2. 结构制图设计（图 8-4-7）

本款以身高为 110 cm 的幼儿为例进行结构设计。

结构设计要点：

（1）后衣片：见图 8-4-7，拷贝 110/56 的后衣片原型，延长后中线，确定后中长、拉链开口止点，在肩线上确定后肩省的位置和大小，胸围、后领圈、后袖窿大小不变。腰线下落 7 cm，画衣片下摆辅助线。根据幼儿体型特点，侧缝在腰线以上略收，下摆加出 1 cm，画顺侧缝弧线、后下摆弧线。

（2）后裙片：见图 8-4-7，根据面料的厚度，在裙片的侧缝加出碎褶量，裙下摆侧缝另加 2 cm 量，画出裙侧缝，画顺后裙片的腰线、下摆弧线。

（3）前衣片：延长后衣片原型腰线，拷贝前衣片原型，领圈、胸围不变，考虑幼儿体型的溜肩特点，外肩点下落 0.5 cm，如图画顺前肩线。为调节肚凸量，前袖窿在腋下点下落 1 cm，画顺前袖窿弧线。侧缝的收腰参考后片，在下摆处加 1.5 cm，画顺侧缝弧线、前下摆弧线。

（4）前裙片：参考后裙片的画法，根据面料的厚度，在裙片的侧缝加出碎褶量，裙下摆侧缝另加 2 cm 量，画出裙侧缝，画顺前裙片的腰线、下摆弧线。

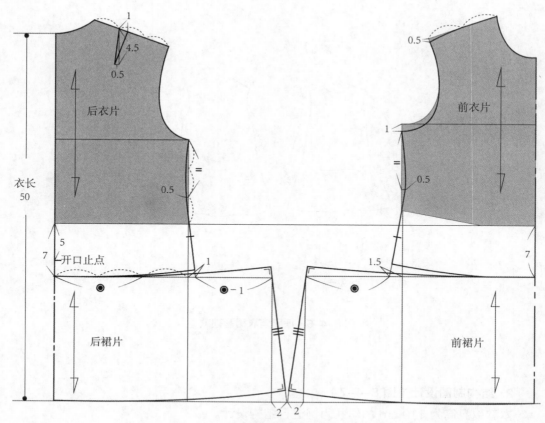

图 8-4-7 低腰连衣裙基础款结构设计图

三、低腰连衣裙应用款

款式特点：此款低腰连衣裙是一款低腰线、后领开衩的应用款背心裙，领圈和袖窿加撞色滚边，领圈在后中开口，且采用系带（打蝴蝶结）式闭合，裙片加碎褶，造型经典可爱。款式见图 8-4-8。

适合年龄：1~6 岁。

适合面料：薄或中等厚度的棉布、麻料、丝绸以及混纺材质的面料。

1. 结构制图参考尺寸（表 8-4-4）

表 8-4-4 结构制图参考尺寸表   单位：cm

身高	后衣长	胸围（B）	下摆围	肩宽
100	45	54+8=62	118	24
110	50	56+8=64	120	25
120	55	60+8=68	124	26

图 8-4-8　低腰连衣裙应用款

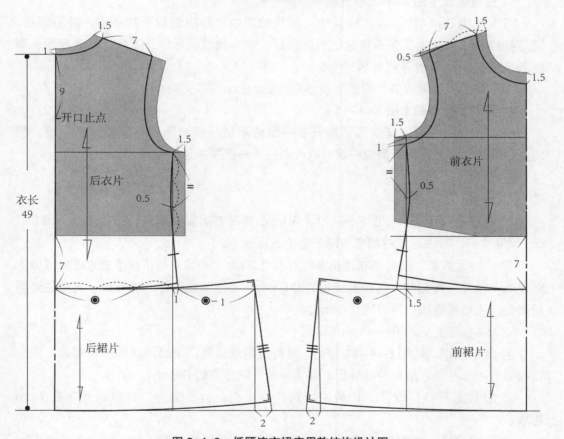

图 8-4-9　低腰连衣裙应用款结构设计图

2. 结构设计（图8-4-9）

本款以身高为110 cm的幼儿为例进行结构设计。

结构设计要点：

（1）后衣片：如图8-4-9，拷贝110/56的后衣片原型，确定后中长、领圈开口止点；确定胸围、后领圈、后袖窿；腰线下落7 cm，画衣片下摆辅助线。根据幼儿体型特点，侧缝在腰线以上略收，下摆加出1 cm，画顺侧缝弧线、后下摆弧线。

（2）后裙片：参考图8-4-9，根据面料的厚度，在裙片的侧缝加出碎褶量，裙下摆侧缝另加2 cm量，画出裙侧缝，画顺后裙片的腰线、下摆弧线。

（3）前衣片：延长后衣片原型腰线，拷贝前衣片原型，确定领圈、胸围、肩宽，考虑幼儿体型的溜肩特点，外肩点下落0.5 cm，如图画顺前肩线；为调节肚凸量，前袖窿在腋下点下落1 cm，画顺前袖窿弧线。侧缝的收腰参考后片，在下摆处加1.5 cm，画顺侧缝弧线、前下摆弧线。

（4）前裙片：参考后裙片的画法，根据面料的厚度，在裙片的侧缝加出碎褶量，裙下摆侧缝另加2 cm量，画出裙侧缝，画顺前裙片的腰线、下摆弧线。

3. 放缝要点（图8-4-10）

（1）如图8-4-10，衣片的前中，裙片的前中、后中连裁不加缝份，前后领圈、前后袖窿弧线因滚边工艺不加放缝份。肩线，衣片侧缝、后中、下摆，裙片腰线、侧缝放缝份1 cm，裙片下摆放缝份1.5 cm。

（2）如图，袖窿滚条、领圈滚条都是斜裁，3 cm左右宽。

4. 缝制工艺步骤（图8-4-11）

缝合衣片后中缝—缝制后领圈开口—缝合肩缝—缝制飘带—领圈滚边—缝合侧缝—袖窿滚边—缝合裙子侧缝—缝合衣片与裙片—底摆折边—整烫

5. 缝制工艺要点

（1）袖窿工艺见图8-4-11（A）。

① 拼接袖窿滚条，如图8-4-11（A），按宽度对折熨烫滚条，拼接滚条，缝份1 cm分缝烫平，要注意核对袖窿与滚条圈的长度一致。

② 绱袖窿滚条，滚条与衣片正面相对车0.7 cm，把滚条的拼接位置放在袖窿腋下点偏后，袖窿松紧匀称，再修剪缝份到0.5 cm，袖窿弧线处打斜向剪口，然后往里翻折滚条，压袖窿明线，距边约0.6 cm。

（2）领圈工艺见图8-4-11（B）。

① 缝制飘带，如图8-4-11（B），对折领圈滚边布，车缝两端的飘带部分，留出领圈部分不车，然后修剪两端缝份，翻烫平整，飘带宽约0.8 cm。

② 后领圈开口，缝合衣片后中缝到开口止点，分烫缝份，开口部分车0.8 cm明线。

③ 领圈滚边，如图8-4-11，核对滚条和衣片的领圈长度一致，将滚条长度中间

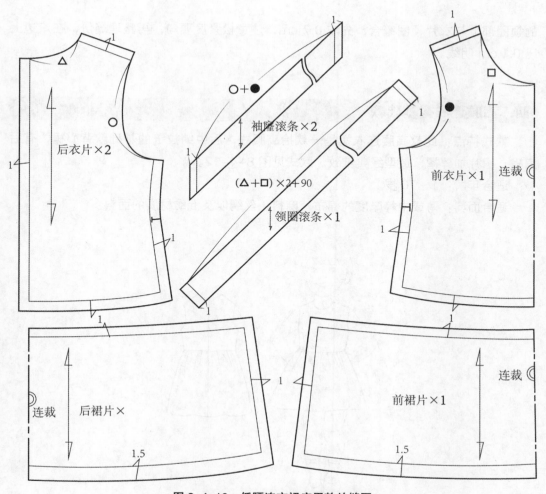

图 8-4-10　低腰连衣裙应用款放缝图

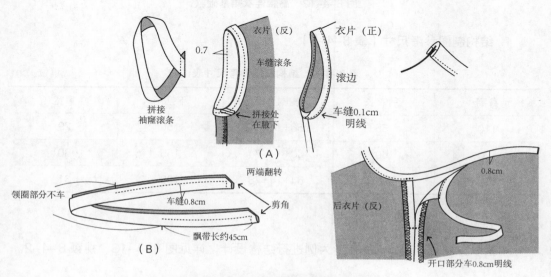

图 8-4-11　低腰连衣裙应用款工艺图

的领圈部分与衣片领圈缝合，先车 0.7 cm，注意松紧度要匀，再整理缝份，在滚边上压 0.1 cm 明线。

四、高腰连衣裙基础款

款式特点：此款高腰连衣裙是一款抬高腰线，后中绱拉链的基础款背心裙，有后肩省，裙片加碎褶，造型经典雅致。款式见图 8-4-12。

适合年龄：1~16 岁。

适合面料：薄或中等厚度的棉布、麻料、丝绸以及混纺材质的面料。

图 8-4-12　高腰连衣裙基础款

1. 结构制图参考尺寸（表 8-4-5）

表 8-4-5　结构制图参考尺寸表　　　　　　　　　　　　　单位：cm

身高	后衣长	胸围（B）	下摆围	肩宽
110	55	56+14=70	150	29
120	60	60+14=74	155	30
130	65	64+14=78	160	31

2. 结构制图设计

本款以身高为 120 cm 的儿童为例进行结构设计，详见图 8-4-13、视频 8-4-2。

视频 8-4-2

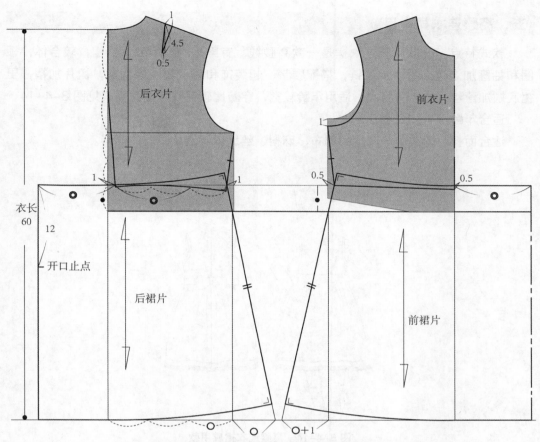

图 8-4-13　高腰连衣裙基础款结构设计图

结构设计要点：

（1）后衣片：如图 8-4-13，拷贝 120/60 的后衣片原型，确定后中长，在肩线上确定后肩省的位置和大小，胸围、后领圈、后袖窿不变，重新确定腰线，画衣片下摆辅助线，在腰线上侧缝和后中各收 1 cm，画顺后中弧线、后下摆弧线。

（2）后裙片：如图 8-4-13，根据面料的厚度，在裙片的后中加出褶量，在后中线上标出开口止点，裙下摆侧缝另加量，画出裙侧缝，画顺后裙片的腰线、下摆弧线。

（3）前衣片：延长后衣片原型腰线，拷贝前衣片原型，领圈、胸围、肩宽不变，为调节肚凸量，前袖窿在腋下点下落 1 cm，画顺前袖窿弧线。在侧缝腰线上收 0.5 cm，量取前后片侧缝等长，画顺前下摆弧线。

（4）前裙片：参考后裙片的画法，根据面料的厚度，在裙片的前中加出褶量，裙下摆侧缝另加量，画出裙侧缝，画顺前裙片的腰线、下摆弧线。

五、高腰连衣裙应用款

款式特点：此款高腰连衣裙是一款高腰线、有里裙的应用款背心裙，较合体，领圈和袖窿加滚边，后中绱拉链，搭配腰带，起装饰和调节腰围的功能，裙片加褶，里裙底摆加蕾丝花边，有层次，适用年龄较宽，穿着比较精致隆重。款式见图 8-4-14。

适合年龄：1~16 岁。

适合面料：薄或中等厚度的棉布、麻料、丝绸以及混纺材质的面料。

图 8-4-14　高腰连衣裙应用款

1. 结构制图参考尺寸（表 8-4-6）

表 8-4-6　结构制图参考尺寸表　　　　　　　　　　　　　　单位：cm

身高	后衣长	胸围（B）	下摆围	肩宽
110	65	56+8=64	136	23
120	70	60+8=68	140	24
130	75	64+8=72	144	25

2. 结构制图设计（图 8-4-15）

本款以身高为 120 cm 的儿童为例进行结构设计。

结构设计要点：

（1）后衣片：如图 8-4-15，拷贝 120/60 的后衣片原型，确定胸围、后领圈、后袖窿；确定后中长；重新确定腰线，画衣片下摆辅助线；在腰线上侧缝和后中各收 1 cm，画顺后中弧线、后下摆弧线。

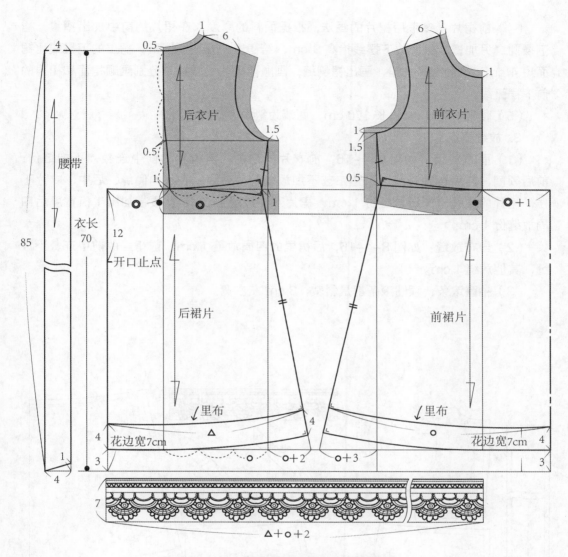

图 8-4-15　高腰连衣裙应用款结构设计图

（2）后裙片：参考图 8-4-15，根据面料的厚度，在裙片的后中加出褶量，在后中线上标出开口止点；裙面的下摆线抬高 3 cm，给裙里的花边留位置；裙里的下摆线比裙面短 4 cm，裙侧缝另加量，画出裙侧缝，画顺后裙片的腰线，分别画顺裙面和裙里的后下摆弧线。

（3）前衣片：延长后衣片原型腰线，拷贝前衣片原型，确定胸围、前领圈、前袖窿；为调节肚凸量，前袖窿在腋下点下落 1 cm，画顺前袖窿弧线。在侧缝腰线上收0.5 cm，量取前后片侧缝等长，画顺前下摆弧线。

（4）前裙片：参考后裙片的画法，根据面料的厚度，在裙片的前中加出褶量，裙下摆侧缝另加量，裙面的下摆线抬高3 cm，给裙里的花边留位置；裙里的下摆线比裙面短4 cm，裙侧缝另加量，画出裙侧缝，画顺前裙片的腰线，分别画顺裙面和裙里的前下摆弧线。

（5）腰带：宽4 cm，长170 cm，两端为斜角。

3. 放缝要点

（1）面布放缝：如图8-4-16，前衣片的前中、前裙片的前中连裁，不加缝份；前后领圈、前后袖窿弧线因滚边工艺不加放缝份；肩线，衣片的侧缝、后中、衣片下摆，裙片的腰线、侧缝放缝份1 cm，裙片下摆放缝份3 cm。腰带加出1倍宽度后四周放缝份1 cm。

（2）里布放缝：如图8-4-16，后裙里的四周放缝1 cm、前裙里的前中连裁不放缝，其他放缝1 cm。

（3）袖窿滚条、领圈滚条都是斜裁，3 cm左右宽。

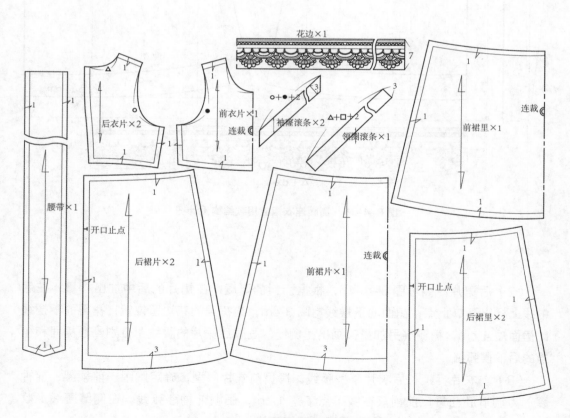

图8-4-16　高腰连衣裙应用款放缝图

第五节　连衣裙拓展款结构设计与工艺（附带视频）

本节内容提要：

（1）露肩连衣裙

（2）短袖连衣节裙

（3）背带裙

（4）长袖平领连衣裙

（5）改良汉服襦裙

（6）荷叶边袖连衣裙

（7）小翻领大裙摆短袖连衣裙

连衣裙的拓展款，主要介绍几款常用的连衣裙，有背带裙、短袖连衣裙、平领长袖连衣裙等，以春夏季为主。连衣裙最常用的装饰设计有碎褶、细裥、泡泡袖、蕾丝花边、荷叶边、蝴蝶结等，还有一款改良版汉服连衣裙，传统中式服装元素与现代时尚元素的结合设计。连衣裙可选用全棉、棉混纺的梭织与针织面料，作秋冬装时则选用厚型面料，里面配穿打底衫、袜裤等。

一、露肩连衣裙

款式特点：此款露肩连衣裙是一款上下分割的连衣裙，本布加碎褶的花边贯穿前后衣袖，袖子部分加细松紧，形成露肩效果；后中加门襟扣合，裙片加褶，有层次，适合幼童穿着，风格俏皮可爱。款式见图8-5-1。

适合年龄：1～6岁。

适合面料：薄或中等厚度的棉布、麻料、丝绸，以及混纺材质的面料等。

图 8-5-1　露肩连衣裙款式图

1. 结构制图参考尺寸（表 8-5-1）

表 8-5-1　结构制图参考尺寸表

单位：cm

身高	后裙长	胸围（不含展开量）	下摆围	肩宽
90	45	52+8=60	96	21
100	50	54+8=62	98	22
110	55	56+8=64	100	23

2. 结构设计（图 8-5-2）

本款以身高为 90 cm 的幼儿为例进行结构设计。

结构设计要点：

（1）后衣片：如图 8-5-2，拷贝 90/52 的后衣片原型，确定后中长、胸围、后领圈、后袖窿；画顺后领圈、后袖窿弧线，加出后中叠门量 1 cm，延长肩线，画出连肩袖的造型，作为肩袖花边的长度参考数据。按款式设计画顺上衣和裙子的分割线。

（2）后裙片：根据款式和面料厚度，在裙片的后中加出适当褶量，裙下摆侧缝另加量，画出裙侧缝、画顺后裙片的下摆弧线。

（3）前衣片：延长后衣片原型腰线，拷贝前衣片原型，确定前领圈、胸围、肩宽，画顺前领圈、前袖窿弧线。延长前肩线，画出连肩袖的造型，作为肩袖花边的长度参考，按款式设计画出上衣和裙子的分割线，画顺前上的下口弧线。

（4）前裙片：根据款式和面料厚度，在裙片的前中加出适当褶量，裙下摆侧缝另

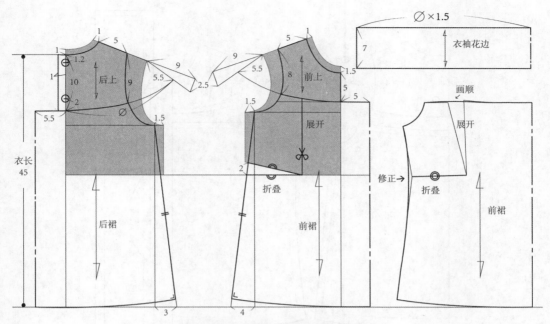

图 8-5-2　露肩连衣裙结构设计图

加量，画出裙侧缝，画顺前裙片的下摆弧线。如图转移肚凸量到裙上口，展开后画顺上口和侧缝弧线。

（5）衣袖花边：量取衣片和连肩袖绱花边位置的长度，根据面料厚度和款式效果加褶量，确定花边的长度；宽度是 7 cm。

3. 放缝要点

（1）如图 8-5-3，前上衣片的前中、裙片的前中、裙片的后中连裁不加缝份，其他裁片各部位如图加放缝份 1 cm，裙片下摆放缝份 1.5 cm。

（2）衣袖花边上口与衣片拼接的部分，放缝 1 cm，袖子装松紧部分放缝 1.5 cm；花边下摆放缝 1.5 cm。

（3）袖窿滚条是斜裁，3 cm 左右宽。

4. 缝制工艺步骤

分别缝合衣片面、里的肩缝，侧缝—车缝衣片面、里的门襟和领圈—缝合衣片面、里的袖窿—叠合固定后衣片—缝合前后裙片侧缝—裙片袖窿收边—裙片抽褶—花边卷边—组装衣片、裙片和花边—袖子花边绱松紧—裙摆卷边—锁钉、整烫

5. 缝制工艺要点

（1）上衣工艺见图 8-5-4（A）、（B）、（C）。

① 车缝门襟和领圈，如图 8-5-4（A）先缝合面、里布的肩缝，再对齐前上衣片面和里的后中缝、领圈的侧颈点、前中点，正面相对车缝 0.9 cm，核对缝合的松紧度，修剪缝份，在领圈处打刀眼剪口，然后翻烫平整。

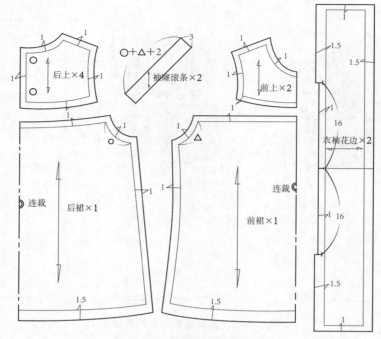

图 8-5-3　露肩连衣裙放缝图

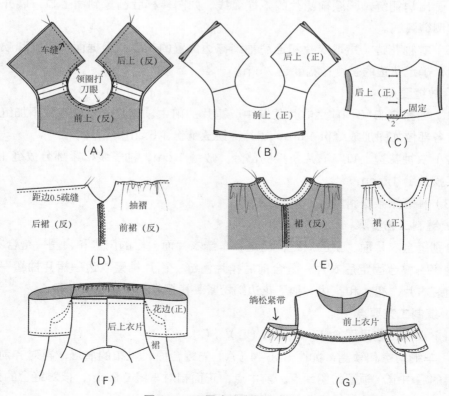

图 8-5-4　露肩连衣裙工艺图

② 车缝袖窿，如图 8-5-4（B），先核对衣片面和衣片里的大小，里布要略小 0.2 cm 左右。再来依次车缝和翻烫左、右袖窿，不能一起车缝，否则翻不过来，熨烫时要注意里外匀，止口要在袖窿内侧。

③ 叠合固定后衣片，如图 8-5-4（C）叠合左右后上衣片 2 cm，车缝 0.5 cm 固定。

（2）裙子工艺见图 8-5-4（D）、（E）。

① 裙片抽褶，如图 8-5-4（D）缝合前后裙片侧缝后三线包缝，分别在前、后裙片的上口距边 0.5 cm 疏缝，抽碎褶，注意褶要匀，标记中点，左右一致。

② 袖窿收边，如图 8-5-4（E）滚条宽度对折熨烫，与裙片袖窿正面相对车 0.7 cm，弧线处打刀眼，翻转滚条车明线。

（3）组装衣片、裙片和花边见图 8-5-4（F）、（G）。

① 缝合衣片、裙片和花边，如图 8-5-4（F）缝合前后片花边的侧缝，花边下摆车缝卷边，对准前、后裙片和花边中点，组装缝合衣片、裙片和花边，缝份 1 cm。

② 袖子花边绱松紧，如图 8-5-4（G）确定好松紧带长度，松紧带两端车缝固定在花边上，再将松紧带包进花边上口缝份，车卷边缝。

二、短袖连衣节裙

款式特点：此款短袖连衣节裙是一款上下分割的高腰线连衣裙，上衣圆领短袖，后领开口；裙片分三节，每节裙片加碎褶，层层递进，蛋糕造型，风格甜美活泼。款式见图 8-5-5。

图 8-5-5　短袖连衣节裙款式图

适合年龄：1~12岁。

适合面料：薄或中等厚度的棉布、麻料以及混纺材质的面料等。

1. 结构制图参考尺寸（表 8-5-2）

表 8-5-2　结构制图参考尺寸表

单位：cm

身高	后衣长	胸围（不含展开量）	下摆围	肩宽	袖长
100	45	54+8=62	204	26	13.5
110	49	56+8=64	208	27	14.5
120	53	60+8=68	212	28	15.5

2. 结构制图设计

本款以身高为 110 cm 的婴幼儿为例进行结构设计，详见图 8-5-6、视频 8-5-1。

视频 8-5-1

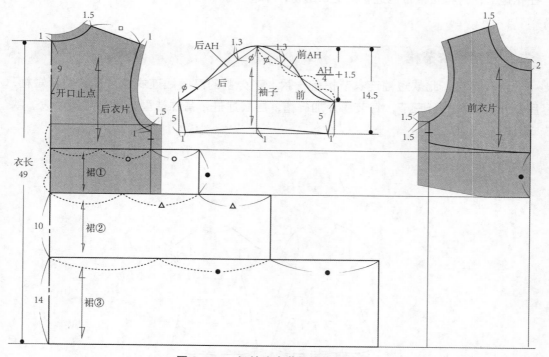

图 8-5-6　短袖连衣节裙结构设计图

结构设计要点：

（1）后衣片：如图 8-5-6，拷贝 110/56 的后衣片原型，确定胸围、后领圈、后袖窿；确定后中长；在领圈后中线上标出开口止点；重新确定腰线，画顺衣片下摆。

（2）后裙片：根据款式设计的比例，定出 3 节裙片的长度；如图从上到下，依次在裙片的侧缝加出褶量，分别画出 3 节裙片的侧缝、下摆。

（3）前衣片：延长后衣片原型腰线，拷贝前衣片原型，确定胸围、前领圈、前袖画顺前领圈、前袖窿弧线；量取前后片侧缝等长，画顺前下摆弧线。

（4）前裙片：参考后裙片的画法，或者前后裙片一致。

（5）袖子：量取前后衣片的袖窿弧线（AH）长度，确定袖山高、袖长，按原型袖的画法画出袖子，袖口略收，袖下摆起翘画顺。或者袖口也可以不收，袖下摆为直线。要核对袖缝长度、袖山吃势等。

三、背带裙

款式特点：此款背带裙是一款 A 字造型的连衣裙，后片简洁无分割的背心样式，前片是可调节开扣，有两个圆角贴袋，穿着简便，功能性强，既可以单穿，也可以当外套穿，用不同材质、厚度的面料缝制，四季都可以穿。款式见图 8-5-7。

适合年龄：1~8 岁。

适合面料：薄或中等厚度的棉布、麻料以及混纺材质的面料等。

图 8-5-7　背带裙款式图

1. 结构制图参考尺寸（表8-5-3）

表8-5-3　结构制图参考尺寸表　　　　　　　　　　单位：cm

身高	后衣长	胸围（B）	下摆围
90	42	52+12=64	82
100	47	54+12=66	84
110	52	56+12=68	86

2. 结构设计（图8-5-8）

本款以身高为90 cm的幼儿为例进行结构设计。

结构设计要点：

（1）后裙片：如图8-5-8，拷贝90/52的后衣片原型。

① 确定后肩线、胸围、后领圈、后袖窿；确定后中长；在侧缝加裙摆展开量，画后侧缝线，画顺衣片下摆弧线。

② 注意后肩线要接上前片的背带连成一片。

③ 在后中线、侧缝之间确定后领贴的大小和位置，画顺领贴的下摆弧线。

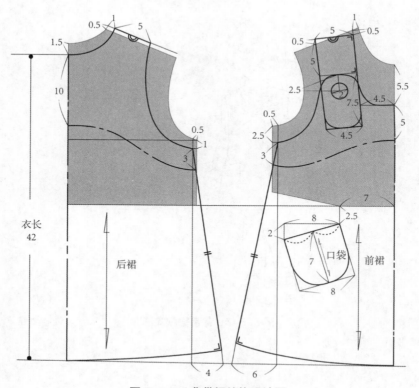

图8-5-8　背带裙结构设计图

（2）前裙片：延长后衣片原型腰线，拷贝前衣片原型。

① 确定胸围、前领圈、前袖窿；画顺前领圈、前袖窿弧线；画出背带、前裙片的上口线条、扣位。

② 量取前后片侧缝等长，画顺前下摆弧线。

③ 确定口袋的位置，画出口袋的形状。

④ 在前中线、侧缝之间确定前领贴的大小和位置，画顺领贴的下摆弧线。

3. 放缝要点

（1）如图 8-5-9，裙片的前中、后中连裁不加缝份，领贴的前中、后中连裁不加缝份，其他各部位如图放缝 1 cm，裙片下摆放缝 3 cm，袋口放缝 3 cm。

（2）黏衬部位：前领贴、后领贴、袋口加黏衬。

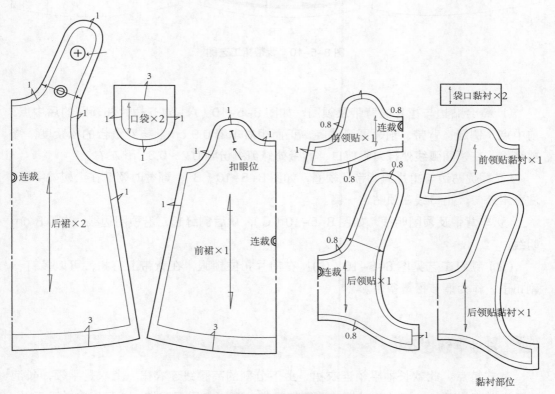

图 8-5-9　背带裙放缝图

4. 缝制工艺步骤

缝制前贴袋—缝合前后裙片的侧缝—缝合前后领贴的侧缝—缝合并翻烫贴边与裙片的背带及领圈—车领圈明线—缲缝裙片底摆—手缝固定贴边与裙片—锁钉、整烫。

5. 缝制工艺要点

（1）领圈工艺见图 8-5-10（A）、（B）、（C）。

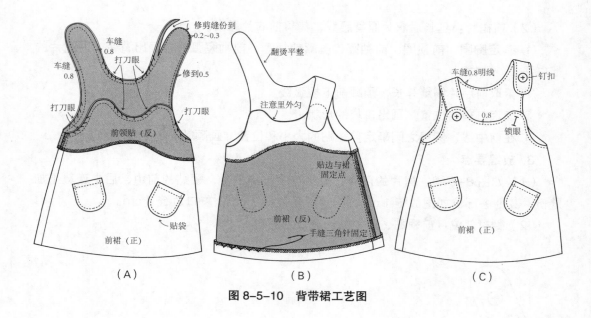

图 8-5-10　背带裙工艺图

① 缝合贴边与裙片的背带及领圈，如图 8-5-10（A）对齐裙片和领贴的后中点、前中点，侧缝、背带、前领圈弧线等，正面相对车缝 0.9 cm。核对缝合的松紧度，修剪缝份，在领圈弧线处打刀眼剪口，背带处修剪缝份到 0.2～0.3 cm 左右。

② 翻烫贴边与裙片的背带及领圈，如图 8-5-10（B），翻烫时领贴在上熨烫平整，注意里外匀，止口线在领贴这一侧。

③ 车背带及领圈明线，如图 8-5-10（C），从后侧缝起，沿领圈边线，车 0.8 cm 明线。

（2）锁钉工艺见图 8-5-10（C）：在前片扣位锁眼，在背带上钉扣，可以多钉一副扣子，作为调节松量备用。

四、长袖平领连衣裙

款式特点：此款长袖平领连衣裙是上下分割的高腰线连衣裙，上衣是平领，长泡泡袖，前门襟开扣；裙片加碎褶，两侧加腰带，可以在后面系带，也可以在前面系结。是一款适合学龄前后的女生穿着的常用款式。款式见图 8-5-11。

适合年龄：3～10 岁。

适合面料：薄或中等厚度的棉布、麻料以及混纺材质的面料等，因袖型较瘦，所以袖子可以使用针织面料缝制。

图 8-5-11　长袖平领连衣裙款式图

1. 结构制图参考尺寸（表 8-5-4）

表 8-5-4　结构制图参考尺寸表

单位：cm

身高	后衣长	胸围（B）	下摆围	肩宽	袖长
110	56	56+8=64	131	26	35
120	60	60+8=68	135	27	37
130	64	64+8=72	139	28	40

2. 结构设计

本款以身高为 120 cm 的儿童为例进行结构设计，详见图 8-5-2、视频 8-5-2。
结构设计要点：

（1）后衣片：如图 8-5-12（A），拷贝 120/60 的后衣片原型，确定胸围、后领圈、后袖隆；确定后中长；重新确定腰线，画出侧缝线，画顺衣片下摆弧线。

（2）后裙片：如图 8-5-12（A）根据款式和面料厚度，在裙片的后中加出褶量，裙下摆侧缝另加量，画出裙侧缝，画顺后裙片的腰线、下摆弧线。

（3）前衣片：如图 8-5-12（A）延长后衣片原型腰线，拷贝前衣片原型，确定胸围、前领圈、前袖隆；前中加出门襟叠门量 1 cm，在前中线上确定扣位，画顺前领

视频 8-5-2

第八章　连衣裤、连衣裙结构设计与工艺 | **253**

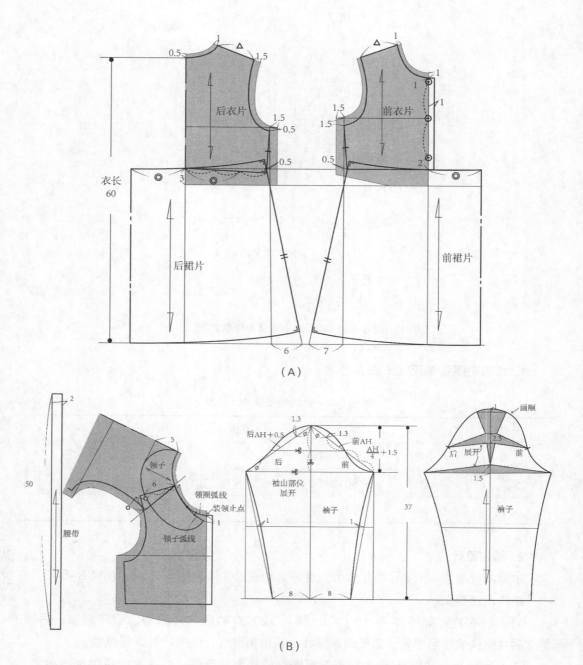

图 8-5-12 长袖平领连衣裙结构设计图

圈、前袖窿弧线；量取前后片侧缝等长，画顺前下摆。

（4）前裙片：如图 8-5-12（A）根据款式和面料厚度，在裙片的前中加出适当褶量，裙下摆侧缝另加量，画出裙侧缝，画顺前裙片的腰线、下摆弧线。

（5）领子：如图 8-5-12（B）将前后衣片原型的肩线如图重叠 1/3 的原型前肩宽，确定领子在衣片领圈的绱领位置，画出领子的轮廓线，核对衣片领圈与领子的绱领线的长度，要等长。

（6）袖子：如图 8-5-12（B）。

① 量取前后衣片的袖窿弧线（AH）长度，确定袖山高、袖长、袖口宽度，按原型袖的画法画出袖子，袖肘处略收，画顺前后袖缝弧线。要核对袖缝长度等长。

② 如图把袖山部分依次展开，从而加出袖子的褶量，重新画顺袖子弧线，形成泡泡袖的造型。

（7）腰带：如图 8-5-12（B）腰带宽 2 cm，长约 50 cm。

3. 放缝要点（图 8-5-13）

（1）如图 8-5-13，后衣片的后中、裙片的前中、裙片的后中连裁不加缝份，其他裁片各部位如图放缝 1 cm，前衣片门襟放 3 cm，裙片下摆放 2 cm。

（2）如图领子四周放缝 1 cm，袖子放缝 1 cm；袖口放缝 2.5 cm。

（3）腰带宽度加倍后放缝 1 cm，领圈滚条是斜裁，3 cm 左右宽。

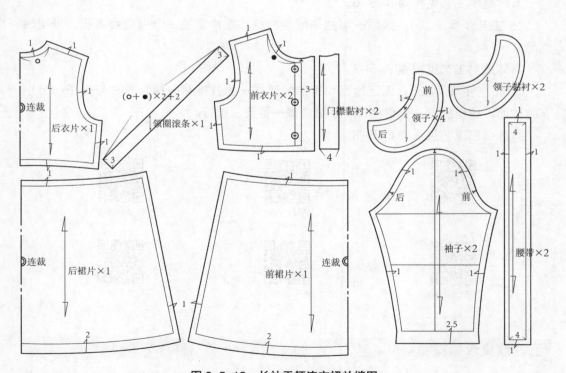

图 8-5-13　长袖平领连衣裙放缝图

（4）黏衬部位：门襟、领子。

4. 缝制工艺步骤

缝制门襟—缝合肩缝—做领—绱领—裙片抽褶—缝合衣片与裙子—做腰带—绱袖—缝合衣片侧缝、袖缝—缝合裙子侧缝—车缝裙摆、袖口—手缝腰襻—整烫、锁钉。

5. 缝制工艺要点

同一款连衣裙，当选用不同材质的面料时，纸样结构略有变化，工艺步骤和缝制要点也有不同，以下选用两种不同的面、里料，分步骤进行工艺缝制。

（1）选用棉布时的工艺

① 工艺步骤（一）：排料—裁剪—烫黏衬。

具体缝制工艺见视频 8-5-3。

② 工艺步骤（二）：缝制门襟—缝制肩缝—做领—绱领。

具体缝制工艺见视频 8-5-4。

③ 工艺步骤（三）：裙片抽褶—缝合衣片与裙子—做腰带—绱领—缝合袖缝、衣片侧缝—缝合裙子侧缝—袖口、裙摆折边—缝制腰带—整烫、锁钉。

具体缝制工艺见视频 8-5-5。

（2）选用薄透面料时的工艺

① 工艺步骤（一）：裁剪—烫黏衬—车缝固定衣片里布与面布—缝合肩缝—做领。

具体缝制工艺见视频 8-5-6。

② 工艺步骤（二）：绱领—绱袖—缝合袖缝、衣片侧缝—分别缝合面裙、里裙的侧缝。

具体缝制工艺见视频 8-5-7。

③ 工艺步骤（三）：固定裙面和裙里的腰线—裙片抽褶—缝合衣片与裙子—分别车缝裙面、裙里底摆—车缝袖口—手缝腰襻—整烫、锁钉。

具体缝制工艺见视频 8-5-8。

视频 8-5-3

视频 8-5-4

视频 8-5-5

视频 8-5-6

视频 8-5-7

视频 8-5-8

五、改良汉服襦裙

款式特点：此款汉服襦裙是一款改良版中的国风连衣裙，超短直领上衣前后连裁落肩，连接3层裙片，双层百褶裙，外加一层共6片不相连的碎褶裙片，前护胸绣装饰图案，左右侧缝各有两条飘带在后背交叉到前面，用汉服穿着习惯缠绕带子，在两侧打结，自然下垂。领子和前护胸的轮廓线装饰撞色嵌线，显得精致。后领开口有扣襻与扣子；喇叭袖，整体风格柔美飘逸。款式见图8-5-14。

适合年龄：2~10岁。

适合面料：薄棉布、雪纺、双绉等薄而垂感较好的混纺面料等。

图 8-5-14　改良汉服襦裙款式图

1. 结构制图参考尺寸（表8-5-5）

表 8-5-5　结构制图参考尺寸表　　　　　　　　　　　　　　单位：cm

身高	后衣长	胸围（不包含展开量）	下摆围	肩袖长	袖口围
110	72	56+8=64	192	41	40
120	76	60+8=68	196	44	42
130	80	64+8=72	200	47	44

2. 结构设计（图8-5-15）

本款以身高为110 cm的儿童为例进行结构设计。

结构设计要点：

（1）衣片：如图8-5-15。

① 拷贝110/56的后衣片原型，确定胸围、后领圈，确定连衣裙后中长，重新确

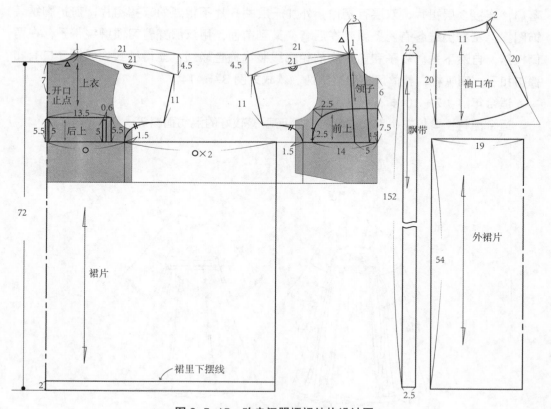

图 8-5-15　改良汉服襦裙结构设计图

定上衣底摆线，如图画肩线、落肩造型，画顺衣片后侧缝弧线，在后底摆线上画出后上片的位置和大小，标出腰襻的位置。

②延长原型腰线，拷贝前衣片原型，确定胸围、前领圈位置，如图画肩线、落肩造型，画顺衣片前侧缝弧线，在前底摆线上画出前上片的位置和形状、后领圈长度，在前片上画出领子。

③核对前后肩线、侧缝长度一致，前后衣片的肩线相连成为一个衣片纸样。

（2）裙片：共有3层裙片，裙面、裙里和外裙。

①裙面和裙里，根据款式和面料厚度，在裙片的侧缝加出适当褶量，画出裙侧缝，裙里的长度比裙面短2 cm，分别画裙面、裙里的下摆线。前后裙片长度大小一致。

②外裙，根据款式和面料厚度，确定6片外裙的长为54 cm，宽为19 cm。

（3）袖口布：如图画出喇叭状。

（4）飘带：飘带共4条，长为152 cm，宽为2.5 cm。

3. 放缝要点（图8-5-16）

（1）如图8-5-16，后衣片的后中、裙片的前中、裙片的后中连裁不加缝份，其他裁片各部位如图放缝1 cm，裙片下摆放缝1.2 cm。

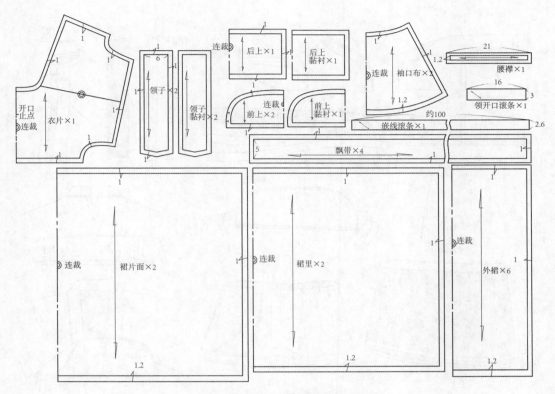

图 8-5-16　改良汉服襦裙放缝图

（2）如图领子宽度加倍后四周放缝 1 cm；袖口布放缝 1 cm；袖口放缝 1.2 cm。

（3）飘带宽度加倍后四周放缝 1 cm；领开口滚条斜裁，3 cm 左右宽；嵌线滚条斜裁，2.6 cm 左右宽；腰襻直裁 3 cm 左右宽。

（4）黏衬部位：领子、前上片、后上片。

4. 缝制工艺步骤

缝制后上片—缝制前上片—缝制后领圈开口—做领—绱领—绱袖—缝合衣片侧缝—袖口卷边—缝制裙片—组装衣片、前上片、后上片和裙片—钉扣、整烫。

5. 缝制工艺要点

（1）缝制后上片，见图 8-5-17（A）。

① 将做好的 3 个腰襻按位置车缝固定好。

② 把后上片按宽度对折，车缝两端侧缝，再翻烫平整。

（2）缝制前上片，见图 8-5-17（B）。

① 先把缩水处理过的棉绳包入嵌条滚边布，用单边压脚车缝固定，再把嵌条滚边布对齐前上片的外轮廓线车缝，绱好嵌线。

② 缝制翻烫好飘带，前上片两端各加两条飘带，车缝固定。

③ 对齐前上片的面和里，用单边压脚正面相对沿着前上片的外轮廓线车缝，然后

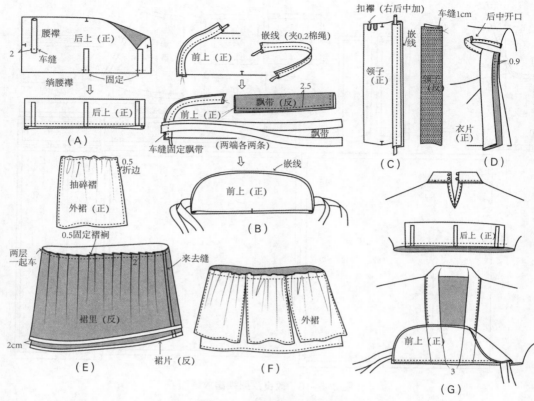

图 8-5-17　改良汉服襦裙工艺图

翻烫平整。

（3）领子工艺，见图 8-5-17（C）、（D）。

① 做领，如图 8-5-17（C）把嵌条滚边布对齐领子的绱领线车缝，绱好嵌线。分别车缝领面领里的后中缝，翻烫好。

② 绱领，如图 8-5-17（D）先将领里与衣片车缝 0.9 cm，再翻到正面压 0.1 cm 明线，固定领面与衣片。

（4）裙片工艺，见图 8-5-17（E）、（F）。

① 外裙片，如图 8-5-17（E）在腰线车 0.5 cm 的疏缝，抽碎褶到 11 cm 左右，将 6 片外裙片的三边分别车 0.5 cm 折边。

② 分别用来去缝缝合裙面、裙里的侧缝，分别车缝裙面、裙里的底摆折边；对齐裙面和裙里的腰线，两层一起，距边 0.5 cm，往一个方向均匀车缝褶量，车好后要核对腰围的尺寸。

③ 组装外裙，见图 8-5-17（F），分别将抽好褶的外裙片依次缝合在裙面上，前后各 3 片，缝份 0.8 cm。

（5）组装衣片、前上片、后上片和裙片，见图 8-5-17（G）。

① 对准后中点，将后上片与后衣片缝合；如图 8-5-17（G）将衣片与前上片缝合。

② 组装衣片和裙片，对准前中点、后中点、侧缝，缝合衣片和裙片，缝份 1 cm。

六、荷叶边袖连衣裙

款式特点：此款连衣裙为套头式，圆领圈滚边，后中开口滚边。在前后横向分割，裙身的拼接线上抽碎褶，下摆展开，袖子采用荷叶边抽碎褶工艺。在穿着上，可内搭灯笼短裤。款式见图 8-5-18。

适合年龄：1.5~3 岁（身高 80~100 cm）。

适合面料：薄型全棉素色面料或小花型图案面料。

图 8-5-18　荷叶边袖连衣裙款式图

1. 结构制图参考尺寸（表 8-5-6）

表 8-5-6　结构制图参考尺寸表　　　　　　　　　　　　　　单位：cm

身高	裙长（后中至裙摆）	胸围（不含碎褶量）	肩宽（S）
80	38	48+14	23
90	42	52+14	24
100	46	56+14	25

2. 结构设计

本款以身高为 90 cm 的婴幼儿为例，上衣采用 90/52 的原型进行结构设计。

（1）裙身结构设计见图8-5-19。

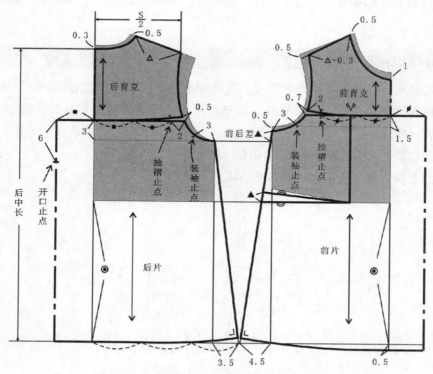

图8-5-19　荷叶边袖连衣裙裙身结构设计图

（2）裙身展开及袖子结构见图8-5-20。

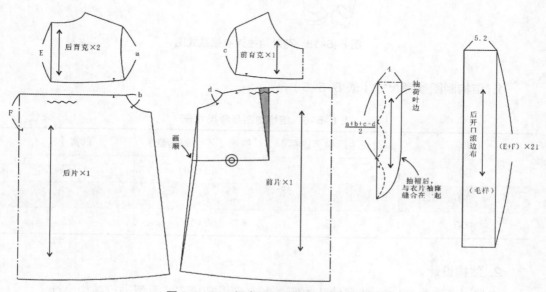

图8-5-20　裙身展开及袖子结构设计图

结构设计要点：

（1）前后裙片横向分割线收省量：在袖窿处各收掉 0.7 cm 和 0.5 cm，穿上后袖窿处会显得平服。

（2）袖窿荷叶边位置：前后袖窿装荷叶边袖止点分别距袖窿底点 3 cm。

（3）裙摆起翘量：以后片为准对齐，要求裙摆线与侧缝线垂直。

3. 工艺要点

裙片后开口滚边工艺，先拼接育克，再进行开口滚边。步骤如下：

（1）后育克与后裙片缝制工艺见图 8-5-21。

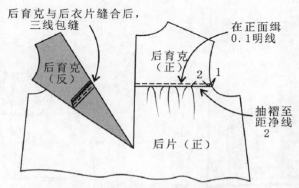

图 8-5-21　后育克与后裙片缝制工艺图

① 先将后裙片开口处剪开至开口止点，在左右片分别长针距车缝后再抽缩碎褶，抽褶点距袖窿净线 2 cm。

② 将后裙片与育克正面相对缝合后，缝份三线包缝，然后将缝份往育克一侧烫倒，在正面缉 0.1 cm 的明线。

（2）后开口缝制工艺见图 8-5-22。

① 将后开口滚边布与后衣片中正面相对净线车缝，在距离开口止点 4 cm 处自然减少衣片的缝份，并修剪多余的缝份，这样开口止点处就会平整，见图 8-5-22（A）。

② 缝份倒向滚边，修剪缝份留 0.7 cm，将滚边正面折烫 1.5 cm 宽，背面折烫 1.6 cm 宽，包住缝份；在衣片的正面，沿滚边布车漏露缝，见图 8-5-22（B）。注意要确保缝住背面的滚边布 0.1 cm，滚边布的正面退进 0.1 cm，即达到滚边布正面 1.5 cm 宽，背面 1.6 cm 宽，见图 8-5-22（C）。

③ 将滚边布正面和背面重叠，领口对齐，在衣片反面的开口止点处滚边布斜向车缝固定，见图 8-5-22（D）。

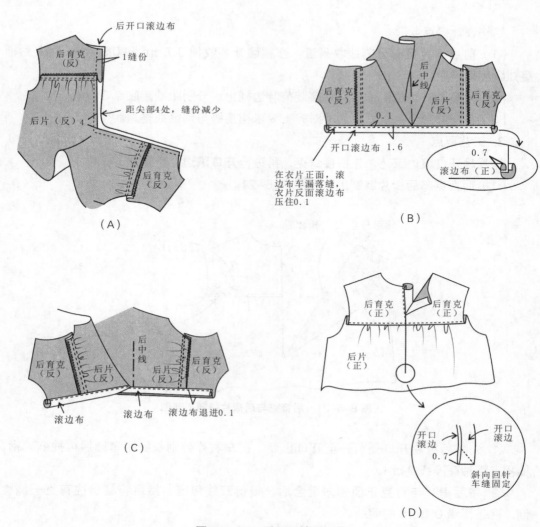

图 8-5-22 后开口缝制工艺

七、小翻领大裙摆短袖连衣裙

款式特点：此款连衣裙为普通短袖造型。有自肩线起分割成倒梯形状的育克，并在纵向分割处夹缝荷叶边，荷叶边用撞色布滚边；圆角小翻领，领外沿撞色滚边，前开口至分割线，胸部以上相对合身，裙摆展开成大摆裙。款式见图8-5-23。

适合年龄：3~8岁（身高100~130 cm）。

适合面料：薄型全棉针织面料或薄型全棉素色梭织面料。

图 8-5-23　小翻领大裙摆短袖连衣裙款式图

1. 结构制图参考尺寸（表 8-5-7）

表 8-5-7　结构制图参考尺寸表　　　　　单位：cm

身高	后中长（后中至裙摆）	胸围（不含展开量）	肩宽（S）
100	55	54+8	26
110	59.5	56+8	27
120	64	60+8	28

2. 结构设计

本款以身高为 120 cm 的幼儿为例，上衣采用 120/60 的原型进行结构设计。

（1）裙身、领子、袖子结构设计见图 8-5-24。

（2）裙身展开图见图 8-5-25。

结构设计要点：

① 袖窿线对位：前后原型的胸围各自收进 1.5 cm，后袖窿线（胸围线）水平延长对位前袖窿线。

② 肩线长度：前肩点下降 0.5 cm，前后肩线长度相等。

③ 前后倒梯形育克分割线设计：在肩线处长度要相等，前中需放出扣子叠门的量 1.2 cm。

④ 裙摆起翘量：以后片为准对齐，要求裙摆线与侧缝线垂直。

⑤ 裙摆纵向剪开线设计：由于裙摆呈波浪造型，故需要在裙摆处放出足够的量。在前后裙片通过纵向剪开的方法，从前后中线处各自分别向左右各设计 3 条纵向剪开线至裙摆，靠近侧缝的纵向剪开线距离原型背宽线和胸宽线各 1 cm。

⑥ 裙摆展开量设计：靠近侧缝的纵向剪开线裙摆放量 4 cm，其余均是 5 cm。

3. 工艺要点

（1）撞色滚边部分：纵向分割处夹缝荷叶边、小翻领的领外沿。

（2）黏合衬：领面、门里襟烫黏合衬。

（3）绱领线缝头处理：本色布或撞色布裁剪成 45°斜条，用滚边工艺盖住缝头。

（4）针织面料时：袖口及裙摆均采用绷缝机车缝。

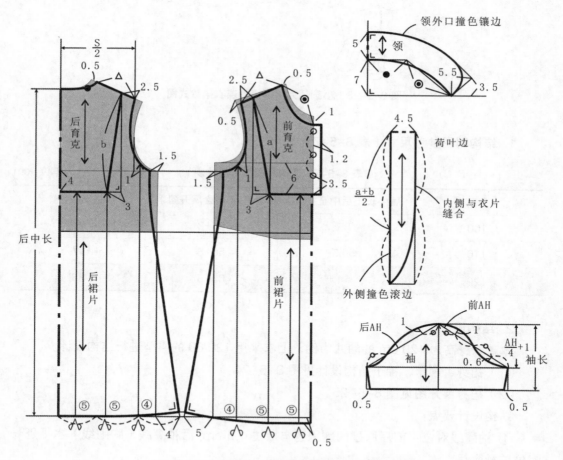

图 8-5-24　小翻领大裙摆短袖连衣裙结构设计图

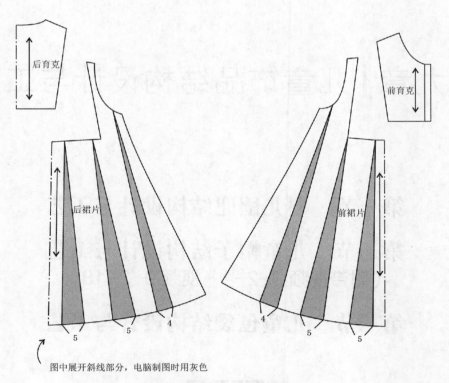

图中展开斜线部分，电脑制图时用灰色

图 8-5-25 裙身展开图

第九章│儿童饰品结构设计与工艺

第一节　婴儿围兜结构设计与工艺

第二节　儿童帽子结构设计与工艺
（附带视频 9-2-1～视频 9-2-18）

第三节　儿童包袋结构设计与工艺

扫描二维码看第九章第一节到第三节内容

视频 9-2-1

视频 9-2-2

视频 9-2-3

视频 9-2-4

视频 9-2-5

视频 9-2-6

视频 9-2-7

视频 9-2-8

视频 9-2-9

视频 9-2-10

视频 9-2-11

视频 9-2-12

视频 9-2-13

视频 9-2-14

视频 9-2-15

视频 9-2-16

视频 9-2-17

视频 9-2-18

参考文献

[1] 戴鸿. 服装号型标准及其应用（第 3 版）[M]. 北京：中国纺织出版社，2009

[2] 日本登丽美服装学院. 登丽美时装造型设计与工艺（婴幼儿装·童装）[M]. 刘成
      霞，译. 上海：东华大学出版社，2015

[3] 鲍卫君. 服装工艺基础 [M]. 上海：东华大学出版社，2016

[4] 江载芳，申昆玲，沈颖. 褚福棠实用儿科科学（8 版）[M]. 北京：人民卫生出版
      社，2015

[5] Bina Abling, Fashion Sketchbook, Fairchild Publication, Inc.2000